普通高等学校高水平高职教材
高等学校核心素养与创新实践丛书

高职
数学实验

主编　丁学利
参编　房　丽　谢佳佳　刘艳楠
　　　秦梦洁　孙　丽　肖　娜
　　　刘　真

中国科学技术大学出版社

内 容 简 介

本书结合“高等数学”“线性代数”“概率统计”等课程,设计了若干数学实验,强调数学理论与实际应用的结合。全书由三部分组成,分别为基于MATLAB的数学实验、基于LINGO的数学实验和基于SPSS的数学实验,共包含24个数学实验。每个实验的最后附有一定量的实验练习题,供读者进行上机练习与实践操作。

本书内容与案例丰富、层次分明,可供高职高专学生结合数学课程学习使用,也可作为学生自学数学实验或参加数学建模竞赛培训的参考书。

图书在版编目(CIP)数据

高职数学实验 / 丁学利主编. -- 合肥 : 中国科学技术大学出版社, 2025. 6. -- ISBN 978-7-312-06221-6

Ⅰ. O13-33

中国国家版本馆CIP数据核字第2025FS6883号

高职数学实验

GAOZHI SHUXUE SHIYAN

出版 中国科学技术大学出版社
安徽省合肥市金寨路96号,230026
http://press.ustc.edu.cn
https://zgkxjsdxcbs.tmall.com

印刷 安徽国文彩印有限公司

发行 中国科学技术大学出版社

开本 787 mm×1092 mm 1/16

印张 11.25

插页 1

字数 261千

版次 2025年6月第1版

印次 2025年6月第1次印刷

定价 38.00元

前　　言

随着高等职业教育质量的不断提升,数学在高职教育中的应用愈发受到重视。然而,传统教育模式过分强调理论推导与公式记忆,忽视了数学的实际应用和问题解决能力的培养,导致学生在面对现实问题时感到力不从心。为解决这一问题,我们编写了本书,旨在将抽象的理论学习与具体的应用实践相结合,激发学生对数学学习的兴趣,并利用计算机软件解决复杂的计算问题。

本书分为三个部分:基于MATLAB的数学实验、基于LINGO的数学实验和基于SPSS的数学实验。这些实验内容覆盖概率统计、微积分、线性代数等多个数学领域,涉及不同领域的实际问题。每个实验均提供详尽的步骤和解答,便于读者进行上机操作和实践。通过这些实验,学生不仅能够巩固所学的数学知识,还能提升自己解决实际问题的能力。

本书的特色在于尽量减少数学理论的推导,直接通过实例来训练软件命令的使用。我们精心挑选了一些具有代表性的数学实验,通过实际操作和练习,帮助学生迅速掌握MATLAB、LINGO和SPSS等数学软件的使用技巧。同时,本书还提供了实验练习题,供学生进行上机练习和实际操作。这些练习题不仅有助于学生巩固所学知识,还能帮助学生更好地理解和应用数学知识。

本书受安徽省高等学校质量工程高水平教材项目(编号:2022gspjc051)资助,是编写团队全体人员智慧与努力的成果。编者均为长期从事教学一线工作的教师,其中大部分来自阜阳职业技术学院数学与应用数学研究中心,拥有丰富的教育教学和实践经验。本书由阜阳职业技术学院丁学利教授担任主编，第1部分由刘艳楠、秦梦洁、丁学利撰写，第2部分由房丽、刘真、肖娜撰写，第3部分由谢佳佳、孙丽、丁学利撰写。全书的框架结构确定、统稿和定稿工作由丁学利完成。

在本书编写过程中，我们参考了众多数学实验领域的优秀教材和学术专著，并得到了学校领导的大力支持，在此表示衷心的感谢。由于编者水平有限，书中难免存在疏漏之处，恳请广大读者不吝赐教，提出宝贵意见。

相关例题数据和习题数据，请使用微信扫描下方二维码获取，或者请登录网址https://press.ustc.edu.cn/2025/0427/c29310a682216/page.htm下载。

编　者

2024年9月

目　　录

第3部分　基于SPSS的数学实验

第1部分
基于MATLAB的数学实验

实验1　MATLAB的基本运算

实验目的

1. 学会用MATLAB进行算术运算、逻辑关系运算以及向量和矩阵的创建。
2. 掌握MATLAB的向量与矩阵的寻访和常用函数的调用。
3. 激发学生对数学实验的兴趣，培养学生的实验思维，提高学生的科学素养。

基本原理

1.1　算术运算

MATLAB数组支持线性代数中所有的矩阵运算和数组运算。在区分矩阵运算和数组运算时，把点置于符号前表示这是一个数组运算(如.*)。在进行数之间的运算时“.*”和“*”是没有区别的，都表示普通的乘法运算；在进行矩阵之间的运算时，“.*”和“*”是有区别的。假设A、B表示两个矩阵[①]，A*B表示矩阵A与矩阵B进行矩阵乘法运算。A.*B表示矩阵A中的元素与矩阵B中的元素按位置依次相乘，得到的结果将作为新矩阵中相同位置的元素。下面给出一些常见的数组和矩阵运算，如表1.1所示。

表1.1　常用的算术运算符

运算符	功　能	运算符	功　能	运算符	功　能
+	加	*	乘	/　\	右除 左除
−	减	^	乘方	./	点右除
.*	点乘	.^	点乘幂	.\	点左除

1.2　逻辑关系运算

在逻辑运算中，非零元素为真(1)，零元素为假(0)。当两个维数相等的矩阵进行比较时，其相应位置的元素按标量关系进行比较，并给出结果，形成一个维数与原来相同的0-1

① 本书内容涉及MATLAB、LINGO和SPSS软件进行机器运算，矢量、矩阵等不用黑体。

矩阵;当一个标量与一个矩阵比较时,该标量与矩阵的各元素进行比较,结果形成一个与矩阵维数相等的0-1矩阵。算术运算优先级最高,逻辑运算优先级最低。常用的关系运算符如表1.2所示。

表1.2　常用的关系运算符

运算符	功　能	运算符	功　能	运算符	功　能
==	等于	<=	小于等于	|	或
~=	不等于	>	大于	&	且
<	小于	>=	大于等于	~	非

1.3　向量和矩阵的创建

一维数组变量的创建可以使用方括号“[ ]”操作符、冒号“:”操作符创建linspace函数。一旦创建,变量就被存储在工作空间,可以通过“Workspace”窗口查看,或在“Command Window”中执行“whos”命令查看。

二维数组变量的创建规则:数组元素必须键入“[ ]”内,行与行之间须用分号“;” 间隔,也可以在分行处用回车键间隔;行内元素用空格或逗号“,”间隔。向量和矩阵的创建命令如表1.3所示。

表1.3　向量和矩阵的创建命令

命　令	功　能	命　令	功　能
A=m:d:n	创建向量	magic(n)	生成n阶魔方阵
linspace(a,b,n)	创建均分计算向量	rand(m,n)	在[0,1]上生成m×n的服从均匀分布的伪随机矩阵
ones(m,n)	生成m*n的全1矩阵	randn(m,n)	生成m×n的服从标准正态分布的伪随机矩阵
ones(n)	生成n*n的全1矩阵	repmat(r,m,n)	用矩阵r生成重复矩阵
zeros(m,n)	生成m*n的全0矩阵	eye(n)	生成n阶单位矩阵

1.4　向量与矩阵的寻访

一般数组元素的寻访采用“全下标”标识法:每一维对应一个下标。例如,二维数组使用“行下标和列下标”标识数组的元素,即A(2,3)表示二维数组A的“第2行第3列”的元素;一维数组使用一个下标即可,即B(2)表示一维数组B的第2个元素。向量与矩阵的访问命令如表1.4所示。

表1.4　向量与矩阵的访问命令

命　令	功　　能
A(r)	查看数组A的第r个元素的值
A(r,:)	提取矩阵A的第r行
A(:,r)	提取矩阵A的第r列
A(:)	依次提取矩阵A的每一列,将A拉伸为1个列向量
A(i1:i2,j1:j2)	提取矩阵A的第i1~i2行和第j1~j2列构成新矩阵
A(i2:−1:i1,:)	以逆序提取矩阵A的第i1~i2行,构成新矩阵
A(:,j2:−1:j1)	以逆序提取矩阵A的第j1~j2列,构成新矩阵
A(i1:i2,:)=[]	删除A的第i1~i2行,构成新矩阵
A(:,j1:j2)=[]	删除A的第j1~j2列,构成新矩阵
[A B]或[A;B]	将矩阵A和B拼接成新矩阵

1.5　常用函数命令

MATLAB内部有丰富的函数,它们都是系统自带的,可以直接使用。部分函数命令见表1.5和表1.6。

表1.5　常用函数命令(1)

命　令	功　　能	命　令	功　　能
min(A)	A中最小值	diff(A,n)	矩阵A中每列的n阶差分
max(A)	A中最大值	mean(A)	返回每列均值的行向量
size(A)	矩阵A中的行数和列数	numel(A)	求矩阵元素个数
sort(A)	对A中的元素进行排序	cumsum(A)	累计求和
length(A)	矩阵A行数和列数的最大值	cumprod(A)	累计求积
sum(A)	返回每列总和的行向量	dot(A,B)	求内积
prod(A)	返回每列乘积的行向量	mod(a,m)	求模运算, 即a除以m后的余数
unique(A)	返回向量中的不同元素	fliplr(A)	左右翻转
flipdim(A)	按指定维度翻转	flipud(A)	上下翻转
reshape(A,m,n)	将矩阵A重塑为m行n列的矩阵	repmat(A,r)	将矩阵A按方案r进行复制
rem(a,b)	求余运算, 即 a 除以 b 后的余数	find(A)	寻找非零元素的索引

表1.6　常用函数命令(2)

命　令	功　能	命　令	功能	命　令	功　能	命　令	功能
sin(x)	正弦	asin(x)	反正弦	csc(x)	余割	acsc(x)	反余割
cos(x)	余弦	acos(x)	反余弦	sqrt(x)	平方根	ceil(x)	向上取整
tan(x)	正切	atan(x)	反正切	abs(x)	绝对值	fix(x)	向0归整
cot(x)	余切	acot(x)	反余切	exp(x)	e^x	floor(x)	向下取整
sec(x)	正割	asec(x)	反正割	pow2(x)	2^x	sign(x)	符号函数
log(x)	lnx	log10(x)	lgx	log2(x)	$\log_2 x$	round(x)	四舍五入
expand(f(x))	多项式展开	simple	化简	subs(f(x),x)	替换	finverse(y)	求反函数
factor(f(x))	因式分解	simplify	化简	collect(f(x))	合并同类项	compose(y1,y2)	求复合函数

示例演示

【例1.1】 计算$[30-3\times(9-7)]\div 2^3$。

解

```
(30-3*(9-7))/2^3
```

运行结果

```
ans =  3
```

【例1.2】 键入并执行a=1:2:10和b=linspace(5,25,5)。

解

```
a=1:2:10
b=linspace(5,25,5)
```

运行结果

```
a =
    1    3    5    7    9
b =
    5   10   15   20   25
```

【例1.3】 输入并执行A=[1 2 3;4 5 6;7 8 9],B=ones(3,4),C=zeros(2,3),D=eye(4),E=magic(3)。

解

```
A=[1 2 3;4 5 6;7 8 9]
B=ones(3,4)
C=zeros(2,3)
D=eye(4)
E=magic(3)
```

运行结果

```
A =
    1    2    3
    4    5    6
    7    8    9
B =
    1    1    1    1
    1    1    1    1
    1    1    1    1
C =
    0    0    0
    0    0    0
```

```
D =
    1    0    0    0
    0    1    0    0
    0    0    1    0
    0    0    0    1
E =
    8    1    6
    3    5    7
    4    9    2
```

【例 1.4】 已知矩阵$A=\begin{bmatrix}47 & 39 & 21 & 80\\20 & 41 & 27 & 11\\17 & 56 & 72 & 35\\63 & 15 & 86 & 77\end{bmatrix}$,判断其元素能否被3整除。

解

```
A=[47 39 21 80;20 41 27 11;17 56 72 35;63 15 86 77]
P=rem(A,3)==0      %被3除,求余
```

运行结果

```
P=
  0  1  1  0
  0  0  1  0
  0  0  1  0
  1  1  0  0
```

【例 1.5】 已知矩阵$A=\begin{bmatrix}-1 & 5 & 3\\2 & -5 & 7\\10 & 20 & 30\end{bmatrix}$,分别提取矩阵$A$的第3行,逆序提取$A$的第2和第1行,删除$A$的第1行。

解

```
A=[-1 5 3;2 -5 7;10 20 30]
A1=A(3,:)       %提取矩阵A的第3行
A2=A(2:-1:1,:)      %逆序提取矩阵A的第2~1行
A(1,:)=[]      %删除矩阵A的第1行
```

运行结果

```
A1 = 10    20    30
A2 =  2    -5     7
     -1     5     3
A =   2    -5     7
     10    20    30
```

【例 1.6】 已知矩阵A=[2 5 20 15 33 12 30 24 48 8],B=[−5 3 1;8 7 10;−10 2 4],分

别求A的最小值、最大值、行数、列数、升序排序、降序排序、行数和列数的最大值。B的每个列向量里的最大值、每个行向量里的最大值、每个列向量的和、每个行向量的和。

解

```
A=[2 5 20 15 33 12 30 24 48 8]
B=[-5 3 1;8 7 10;-10 2 4]
x1=min(A)      %最小值
x2=max(A)      %最大值
x3=size(A)     %计算行数和列数
x4=sort(A)     %升序排序
x5=sort(A,'descend')     %降序排序
x6=length(A)     %行数和列数的最大值
x7=max(B)     %每个列向量里的最大值
x8=max(B,[],2)     %每个行向量里的最大值
x9=sum(B)     %每个列向量的和
x10=sum(B,2)     %每个行向量的和
```

运行结果

```
x1 = 2
x2 = 48
x3 = 1  10
x4 = 2  5   8   12   15   20   24   30   33   48
x5 = 48 33  30  24   20   15   12   8    5    2
x6 = 10
x7 = 8  7  10
x8 = 3
     10
     4
x9 = -7  12  15
x10= -1
     25
     -4
```

实验练习

1. 已知矩阵$A=\begin{bmatrix}5 & 8\\-4 & 3\end{bmatrix}$，$B=\begin{bmatrix}2 & 4\\-9 & 6\end{bmatrix}$，分别计算A*B，A.*B，A./B，A.\B，A^2，A.^2。

2. 用linspace(1,10,5)创建一个数组，寻访第3个元素和第1、2、5个元素组成的子数组。

3. 分别创建3×4的全0数组和全1数组。

4. 已知矩阵$\boldsymbol{A}=\begin{bmatrix}1 & 3 & 5 & 7 & 9\\ 2 & 4 & 6 & 8 & 10\\ 11 & 12 & 13 & 14 & 15\end{bmatrix}$。

(1) 查看第5个元素的值;

(2) 将第9个元素的值修改为0;

(3) 将第2行、第1列元素的值修改为1。

5. 已知矩阵$\boldsymbol{A}=\begin{bmatrix}1 & 2 & 3 & 4 & 5\\ 6 & 7 & 8 & 9 & 10\\ 11 & 12 & 13 & 14 & 15\end{bmatrix}$。

(1) 删除第2行元素的值;

(2) 删除第2列和第3列元素的值。

6. 已知矩阵$\boldsymbol{A}=\begin{bmatrix}3 & 4 & 5\\ 8 & 9 & 10\\ 13 & 14 & 15\end{bmatrix}$。将矩阵$\boldsymbol{A}$拉伸为一个列向量。

7. 已知矩阵$\boldsymbol{A}=\begin{bmatrix}3 & 6 & 9\\ 2 & 5 & 8\\ 1 & 4 & 7\end{bmatrix}$。求矩阵$\boldsymbol{A}$的行数和列数,行数和列数中的最大者。

实验2 MATLAB程序设计

实验目的

1. 学会建立和调用M文件。

2. 掌握MATLAB中选择语句和循环语句的程序结构。

3. 掌握程序设计的基础知识、基本概念、基本技能和方法,培养学生使用计算机解决实际问题的动手能力。

基本原理

2.1 M 文 件

MATLAB中M文件有两种形式:命令式文件和函数式文件。

2.1.1 命令式文件

在MATLAB中,由实现某项功能的一串MATLAB语句命令与函数组合成的文件称为命令式文件,也称作脚本文件。这种M文件在MATLAB的工作区内对数据进行操作,并且能在 MATLAB环境下直接执行。

命令式文件既能对工作区内已存在的变量进行操作,也能将建立的变量及其执行后的结果保存在MATLAB工作区中,方便后续计算使用。除此之外,命令式文件执行的结果既可以显示输出,也可以使用MATLAB的绘图函数输出图形结果。

在MATLAB主窗口的“主页”选项卡中,选择“新建－>脚本”命令,或者直接单击“新建脚本”图标按钮,可打开图2.1所示的MATLAB“编辑器”窗口,在空白窗口中编写程序即可。

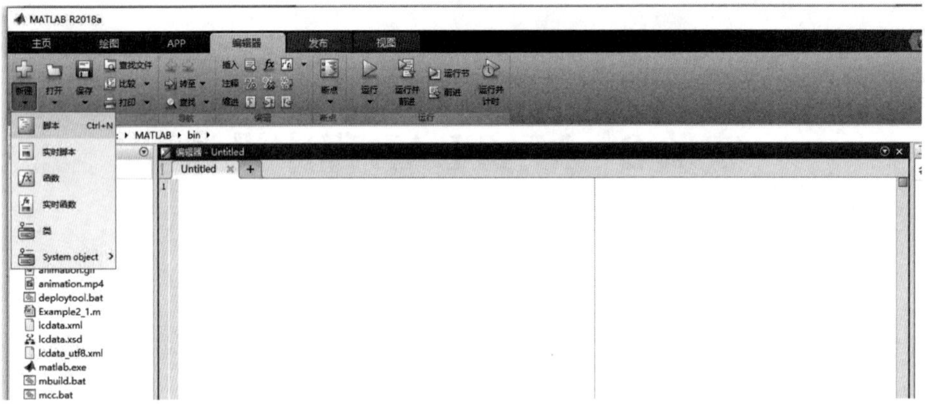

图2.1　MATLAB“编辑器”窗口

单击“编辑器”选项卡中的“保存”图标按钮，在弹出的“保存为”对话框中，选择保存文件夹，文件的扩展名必须是“.m”，单击“保存”按钮即可。在运行函数之前，一定要把M文件所在的目录添加到MATLAB的搜索路径中，或者将函数式文件所在的目录设置成当前目录，即让“XXX.m”所在目录成为当前目录或处于MATLAB的搜索路径上。然后，在MATLAB命令行窗口中运行后面所提到的指令，便可得到M文件的输出结果。

2.1.2　函数式文件

MATLAB函数或函数式文件是MATLAB中最重要的组成部分，MATLAB提供的各种各样的工具箱几乎都是以函数形式组建的，构成了内容极为丰富的函数库，可以实现各种各样的功能。这些函数可作为命令使用，所以有时又被称为函数命令。MATLAB中的函数即函数式文件，是能够接受输入参数并返回输出参数的M文件，其标志是文件内容的第一行的function语句。在MATLAB中，函数名和M文件名必须相同，函数式文件可以有返回值，也可以只执行操作而无返回值。

例如，创建函数式文件“eq_ab.m”。

```
function s=eq_ab
%此函数用来验证两个数是否相等
a=input('请输入a\n');
b=input('请输入b\n');
if a~=b
    input('a不等于b');
else
    input('a等于b');
end
```

在命令窗口中调用eq_ab函数：

```
    >> eq_ab
请输入a
    5        %用户输入
```

请输入b

　4　　%用户输入

a不等于b

值得注意的是，命令式M文件在运行过程中可以调用MATLAB工作域内的所有数据，并且产生的所有变量均为全局变量。也就是说，这些变量一旦生成，就一直被保存在内存空间中，直到用户执行命令clear或quit进行清除时为止。而函数式文件中的变量除特别声明外，均为局部变量，函数式文件执行之后，只保留最后的结果，不保留任何中间过程，所定义的变量也只在函数的内部起作用，并随着调用的结束而被清除。

2.2　MATLAB程序结构

MATLAB程序结构主要有两种形式：if选择语句结构和for循环语句结构。

2.2.1　if选择语句结构的调用格式

(1) 单分支if语句的调用格式。

```
if 条件表达式
  执行语句体
end
```

(2) 双分支if语句的调用格式。

```
if   条件表达式
     执行语句体1
else
     执行语句体2
end
```

(3) 多分支if语句的调用格式。

```
if 条件表达式1
  执行语句体1
else if条件表达式2
       执行语句体2
……
else if条件表达式n-1
       执行语句体n-1
else
     执行语句体n
end
```

if-else-end语句是MATLAB中最常见的条件语句类型。if语句测试一个条件，如果条件结果为真,则执行if中的代码块;如果条件结果为假,则执行else中的代码块。

2.2.2　for循环语句结构的调用格式

(1) 单个for语句的调用格式。

```
for循环变量表达式
    循环体语句
end
```

(2) for循环嵌套的调用格式。

```
for循环变量表达式1
    循环体语句1
    for循环变量表达式2
        循环体语句2
        ……
    end
end
```

在MATLAB中,与循环结构相关的语句还有break语句和continue语句,它们一般要与if语句配合使用。break语句用于终止循环的执行。当在循环体内执行到该语句时,程序将跳出循环,继续执行循环语句的下一个语句。continue语句则控制跳过循环体中的某些语句。当在循环体内执行到该语句时,程序将跳过循环体中所有剩下的语句,继续下一次循环。

示例演示

【例2.1】 已知分段函数$f(x)=\begin{cases}x^2-6, & x<0\\ 2x-8, & 0\leqslant x\leqslant 2\\ -x^2+x+6, & x>2\end{cases}$,计算$f(-2)$,$f(1)$,$f(6)$。

解

```
function y=f(x)
if x<0
   y=x.^2-6;
elseif x<=2
   y=2*x-8;
else
   y=-x.^2+x+6;
end
```

在命令行窗口输入 [f(-2) f(1) f(6)]。

运行结果

```
ans =
   -2   -6   -24
```

【例2.2】 求1+2+3+…+100。

解

```
s=0;
for i=1:100
    s=s+i;
end
fprintf('1+2+3+…+100=%d \n',s);
```

运行结果

```
1+2+3+…+100=5050
```

注意：在实际MATLAB编程中，为提高程序的执行速度，常用向量运算来代替循环操作，因此上述问题可编程为y=sum(1:100)。

【例2.3】 打印出所有的"水仙花数"，所谓"水仙花数"是指一个三位数，其各位数字立方和等于该数本身。例如，153是一个"水仙花数"，因为$153=1^3+5^3+3^3$。

解

```
clear
s=[];       %设置水仙花数数组为空
index=0;      %设置水仙花数数量标志为0
for i=1:9
  for j=0:9
    for k=0:9
      if (i^3+j^3+k^3==100*i+10*j+k)
        index=index+1;      %水仙花数数量标志加1
        s(index)=100*i+10*j+k;
      end
    end
  end
end
s
index
```

运行结果

```
s = 153  370  371  407
index = 4
```

【例2.4】 求[100,200]内第一个能被21整除的整数。

解

```
clear
for n=100:200
    if mod(n,21)~=0      %或者用rem
```

```
        continue      %继续
      end
    break      %跳出循环,终止
end
n
```

运行结果

```
n = 105
```

【例 2.5】 已知5个学生4门学科的成绩a=[65,76,56,78;98,83,74,85;76,67,78,79;98,58,42,73;67,89,76,87],求每名学生的总成绩。

解

```
clear
s=0;
a=[65,76,56,78
    98,83,74,85
    76,67,78,79
    98,58,42,73
    67,89,76,87];
for k=a
    s=s+k;      %矩阵按列求和
end
s=disp(s)
```

运行结果

```
  275
  340
  300
  271
  319
```

实验练习

1. 当 $x=-5,-2,0,2,5$ 时,用if语句实现计算 y 值。其中

$$y=\begin{cases} x^2+1, & x\geqslant 1 \\ x^2-1, & -1<x<1 \\ -x^2-1, & x\leqslant -1 \end{cases}$$

2. 计算 $S(n)=\sum_{i=1}^{n}\frac{1}{2i-1}=\frac{1}{1}+\frac{1}{3}+\cdots+\frac{1}{2n-1}$ 前100项的和。

3. 计算数列 $\frac{2}{1},\frac{3}{2},\frac{5}{3},\frac{8}{5},\frac{13}{8},\frac{21}{13},\cdots$ 前20项的和。

4. 如果一个数恰好等于它的因子之和，那么这个数就称为“完数”。例如，6=1+2+3，6就是一个“完数”。编程找出2000以内的所有完数。

5. 百元买百鸡问题。假如小鸡每只5角，公鸡每只2元，母鸡每只3元。编程列出所有可能的100元购鸡方案。

6. 鸡和兔子关在一个笼子里，已知共有头36个，脚100条，求笼内关了多少只兔子和多少只鸡？

7. 求将1元人民币换成1分、2分、5分的所有兑换方案(即输出所有的组合方式)。

8. 有1020个西瓜，第一天卖一半多2个，以后每天卖剩下的一半多2个，问几天后可以卖完？

9. 有一堆零件(100～200个)。若分成4个零件一组，则多出2个零件；若分成7个零件一组，则多出3个零件；若分成9个零件一组，则多出5个零件。求这堆零件总数。

实验3 MATLAB绘图

实验目的

1. 学会调用MATLAB绘图命令，并注意正确地设置参数。

2. 掌握MATLAB曲线的颜色、线型、类型的设置以及图形的修饰。

3. 利用MATLAB的绘图功能辅助高等数学学习，将抽象问题具体化，激发学生的学习热情。

基本原理

3.1 MATLAB绘图命令

MATLAB提供了多种用于绘制图形的命令，表3.1所示是常用的一些绘图命令。

表3.1 MATLAB绘图命令

绘图命令	功能
plot(x,y,'参数')	绘制 y=f (x)的图像，参数可以省略
plot(x1,y1,'参数1' x2,y2,'参数2',……)	在同一坐标系中画多幅图
ezplot(f,[a,b,c,d])	在区间 $a\leqslant x\leqslant b, c\leqslant y\leqslant d$，绘制函数 f (x,y)=0 的图像
fplot(f,xinterval,linespec)	绘制 f (x)的图像
fplot(xt,yt,tinterval,linespec)	绘制 x(t)和 y(t)参数方程的图像
fimplicit(F,interval,linespec)	绘制隐函数 F(x,y)=0 的图像
loglog(…)	绘制双对数坐标系下的函数图像
semilogx(…)	绘制横坐标为对数下的函数图像
semilogy(…)	绘制纵坐标为对数下的函数图像
polar(tht,rho)	绘制极坐标系下的函数图像
scatter(x,y)	绘制散点图
bar(x,y)	绘制条形图
pie(x)	绘制饼图
histogram(x)	绘制直方图
plot3(x,y,z)	绘制三维曲线
fplot3(f,g,h)	绘制三维曲线

续表

绘图命令	功　　能
mesh(x,y,z)	绘制三维网格曲面
surf(x,y,z)	绘制三维曲面
contour(x,y,z)	绘制曲面的等高线
meshgrid(x,y)	生成网格数据点矩阵
surfnorm(x,y,z)	绘制曲面及其法线
gradient(x)	计算梯度向量
quiver(x,y,u,v)	绘制矢量图

3.2　曲线的颜色、线型及类型的设置

在MATLAB绘制的图像中，线型、线条颜色、数据点的标记样式是可以自定义的，进而可以改变绘制图像的整个外观，我们可以用help plot指令来帮助查看可选内容。如果要实现设定的图像外观，那么要在plot函数中输入一个表示线型、点类型和颜色的参数，该参数由各标识符组成字符串，并放在单引号内作为plot的第三个参数。颜色、线型及数据点类型的参数如表3.2所示。

表3.2　颜色、线型及数据点类型

颜色	b	蓝色
	r	红色
	g	绿色
	c	青色
	y	黄色
	m	紫色
	k	黑色
	w	白色
线型	—	实线
	—.	点画线
	——	虚线
	:	点连线
	none	无线
数据点类型	.	圆点
	*	星号
	+	加号
	^	上三角
	v	下三角
	<	左三角

续表

数据点类型	›	右三角
	h	六角星
	d	菱形
	p	五角星
	o	圆圈
	x	叉号
	s	正方形

3.3 图形的修饰

MATLAB提供了一些图形函数,专门对所画出的图形进行进一步的修饰,使其更加美观,便于应用。图形绘制以后,需要对图形进行标注、说明等修饰性的处理,以增加图的可读性,使之反映出更多的信息。表3.3所示是一些常用的图形修饰命令。

表3.3 图形的修饰命令

命　　令	功　　能
subplot(m,n,p)	设置子图
figure	生成新的绘图界面
axis([xmin,xmax,ymin,ymax])	设置坐标轴的范围
set(gca,'xtick',range)或xticks(range)	设置横坐标的刻度
set(gca,'ytick',range) 或yticks(range)	设置纵坐标的刻度
title('图形标题')	设置图形标题
xlabel('x轴名称') ,ylabel('y轴名称')	设置坐标轴名称
grid on/off	设置坐标系是否带网格线
hold on/off	设置是否可以画多个图形
box on/off	设置坐标系是否封闭
legend('图例1','图例2',…)	设置各组图形的图例
set(gca,'FontSize',20)	设置字号
set(gca,'Fontname','Times New Roman')	设置字体
clf	清空绘图窗口的图形
LineWidth	线宽,默认0.5磅
MarkerSize	标记大小,默认6磅
MarkerEdgeColor	标记轮廓颜色
MarkerFaceColor	标记填充颜色

示例演示

【例3.1】 在同一界面中绘制$y=\sin x$和$y=\cos x, x\in[0,2\pi]$的图像。

解

```
y1 =@(x) sin(x);
y2 =@(x) cos(x);
fplot(y1,[0 2*pi],'--')
hold on
fplot(y2,[0 2*pi],'*')
```

运行结果

如图3.1所示。

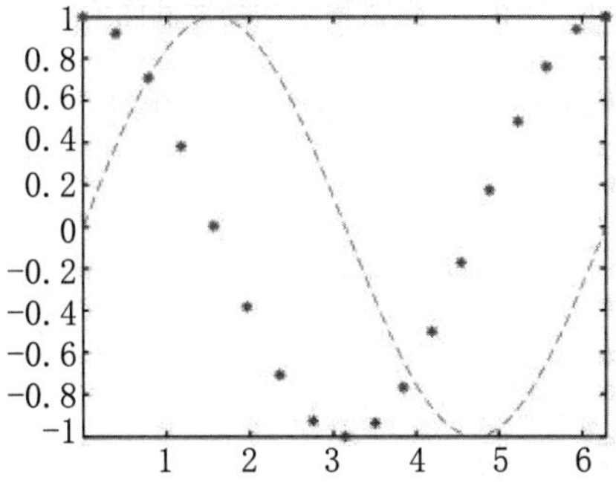

图3.1　正弦和余弦函数的图像

【例3.2】 在同一界面中绘制$y=\sin x$和$y=\cos x, x\in[-2\pi,2\pi]$的图像，并设置图像的图题、坐标轴以及字体字号。

解

```
x = linspace(-2*pi,2*pi);
y1 = sin(x); y2 = cos(x);
plot(x,y1,'-.m',x,y2,'*g')
title('正、余弦函数的图像')
legend('y1=sin(x)','y2=cos(x)')
%按顺序标注
xlabel('X轴') ylabel('Y轴')
set(gca,'FontSize',14);
% 设置文字大小
set(get(gca,'XLabel'),'FontSize',14);
set(get(gca,'YLabel'),'FontSize',14);
```

运行结果

如图3.2所示。

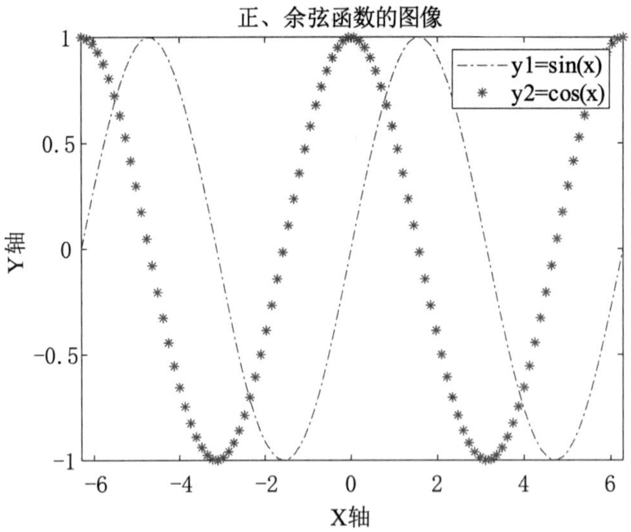

图3.2 正弦和余弦函数的图像

【例3.3】 设置子图,绘制$y=e^{-x}\sin 2x$,$y=e^{-x}\sin 5x$,$y=e^{-x}\sin 10x$和$y=e^{-x}\sin 20x$,$x\in[0,10]$的图像。

解

```
x =0:0.01:10;
y1 = exp(-x).*sin(2*x);
y2 = exp(-x).*sin(5*x);
y3 = exp(-x).*sin(10*x);
y4 = exp(-x).*sin(20*x);
subplot(2,2,1)
plot(x,y1,'r--'),
xlabel('x1'),ylabel('y1')
axis([0 10 -1 1]),title('图1')
subplot(2,2,2) plot(x,y2,'b'),
xlabel('x2'),ylabel('y2')
axis([0 10 -1 1]),title('图2')
subplot(2,2,3) plot(x,y3,'m'),
xlabel('x3'),ylabel('y3')
axis([0 10 -1 1]),title('图3')
subplot(2,2,4) plot(x,y4,'k'),
xlabel('x4'),ylabel('y4')
axis([0 10 -1 1]),title('图4')
```

运行结果

如图3.3所示。

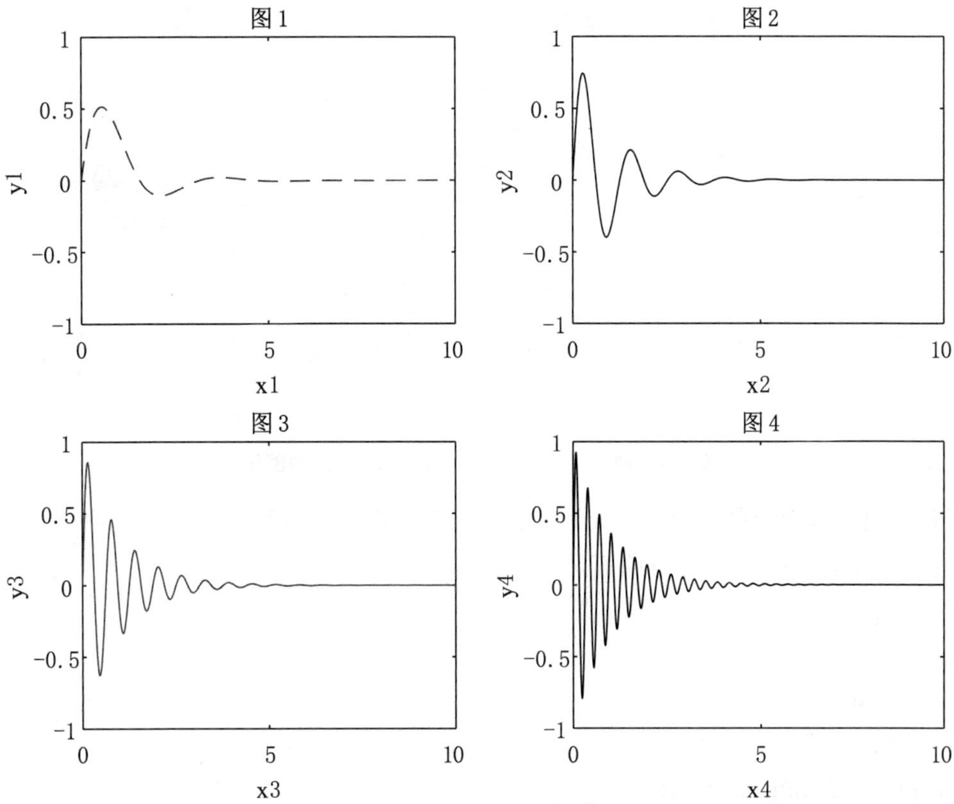

图3.3　函数$y=e^{-x}\sin 2x$,$y=e^{-x}\sin 5x$,$y=e^{-x}\sin 10x$和$y=e^{-x}\sin 20x$的图像(见彩图)

【例 3.4】　绘制曲线 $x=\cos 2t$, $y=\sin 2t$, $z=2t$ 和 $x=\cos 5t$, $y=\sin 5t$, $z=5t$, $t\in[0,10\pi]$的图像。

解

```
t=0:0.01:10*pi;
x=cos(2*t);y=sin(2*t);z=2*t;
figure(1)
plot3(x,y,z)
xlabel('x');ylabel('y');
zlabel('z');title('图 1')
grid on;
figure(2)
fplot3(@(t)cos(5*t),@(t)sin(5*t),@(t)5*t,[0,10*pi]);
xlabel('x');ylabel('y');
zlabel('z');title('图 2')
```

运行结果

如图3.4所示。

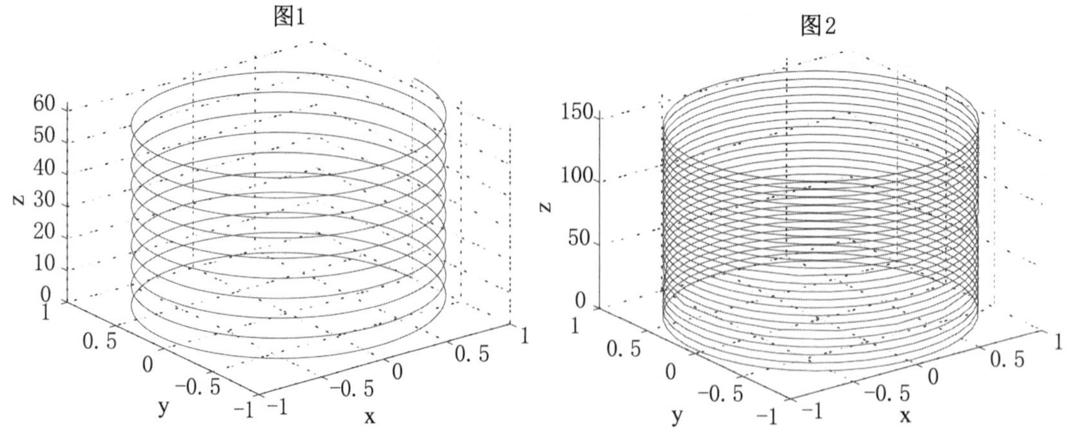

图3.4　曲线$x=\cos 2t, y=\sin 2t, z=2t$的图像

【例3.5】　分别绘制曲面$z=3x^2-5y^2$的三维网格曲面、带等高线的三维网格曲面、带水帘的三维网格曲面、彩色三维曲面。

解

```
t=-15:15;
[x,y]=meshgrid(t);
z=3*x.^2-5*y.^2;
subplot(2,2,1);mesh(x,y,z);
title('三维网格曲面')
xlabel('x');ylabel('y');zlabel('z');
subplot(2,2,2);meshc(x,y,z);
title('带等高线的三维网格曲面')
xlabel('x');ylabel('y');zlabel('z');
subplot(2,2,3);meshz(x,y,z);
title('带水帘的三维网格曲面')
xlabel('x');ylabel('y');zlabel('z');
subplot(2,2,4);surf(x,y,z);
title('彩色三维曲面')
xlabel('x');ylabel('y');zlabel('z');
```

运行结果

如图3.5所示。

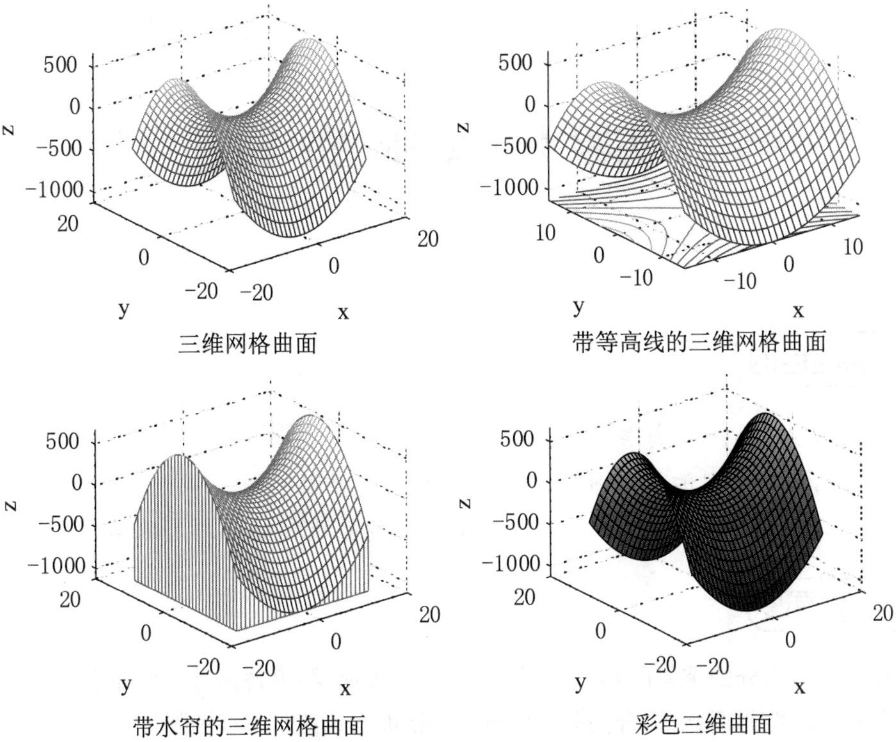

图3.5 曲面$z=3x^2-5y^2$的三维网格曲面、带等高线的三维网格曲面、带水帘的三维网格曲面、彩色三维曲面(见彩图)

实验练习

1. 分别用plot、ezplot、fplot命令绘制$y=\dfrac{\sin x}{x}$,$x\in[-100,100]$的图像。

2. 绘制$y=\sin t\cdot\sin 9t$,$t\in[0,3.5]$的图像,并对图像进行装饰。

3. 设置子图,在同一界面作出函数$y=\sin 2x\cdot\sin 5x$,$x\in[0,5]$的散点图、虚线图、折线图和光滑曲线图。

4. 绘制曲线$x=3\cos t$,$y=3\sin t$,$z=4t$,$t\in[-10\pi,10\pi]$的图像。

5. 绘制曲面$z=3x^2+2y^2$,$x\in[-2,2]$,$y\in[-2,2]$的图像。

实验4 极 限 实 验

实验目的

1. 掌握MATLAB的符号计算命令。
2. 会用MATLAB的极限命令计算不同类型的极限问题。
3. 培养学生的创新精神,使其具备刻苦钻研的品质和勤奋向上的学习态度。

基本原理

求极限是微积分的重要内容,可以使用洛必达法则、等价替换等方法求解。本实验选取了一些具有代表性的例题,结合高等数学知识,帮助学习者加深对极限计算的认识。

MATLAB为求极限提供了方便、快捷的命令,可以满足一般的运算需求。在MATLAB中求极限的调用格式如表4.1所示。

表4.1 求极限命令的调用格式

命　　令	功　　能
limit(f,x,a,'left')	求左极限 $\lim\limits_{x\to a^-} f(x)$
limit(f,x,a,'right')	求右极限 $\lim\limits_{x\to a^+} f(x)$
limit(f,x,a)	求极限 $\lim\limits_{x\to a} f(x)$
limit(f,a)	求极限 $\lim\limits_{x\to a} f(x)$
limit(f,x,inf)	求极限 $\lim\limits_{x\to\infty} f(x)$
limit(f)	求极限 $\lim\limits_{x\to 0} f(x)$

由于本实验是对函数求极限,需要进行符号计算。MATLAB中符号计算命令是syms,其格式如下:

```
syms x y z
```

其中,x、y、z是符号变量,可以是任意字母、数字或下划线组合而成的字符串。

说明 在MATLAB中,syms函数用于定义符号变量。符号变量属于一种特殊类型变量,用于表示数学表达式中的符号和变量,而不是数值。在定义符号变量之后,我们可以使用MATLAB的符号计算工具箱进行符号计算,如求解方程、求导、求积分、求极限、求解线性代数问题等。

需要注意的是,符号计算是一种复杂的运算,通常比数值计算慢,还可能导致精度损失。

因此,在使用符号计算时应该注意控制计算的复杂度和精度,以避免出现不必要的错误。

示例演示

例4.1 求极限 $\lim\limits_{x\to 3}\dfrac{x^2-9}{x-3}$。

解

```
syms x y
y = (x^2-9)/(x-3);
lim_y = limit(y,3);
ezplot(y,[2,4]); grid on
```

运行结果

lim_y = 6,y的图像如图4.1所示。

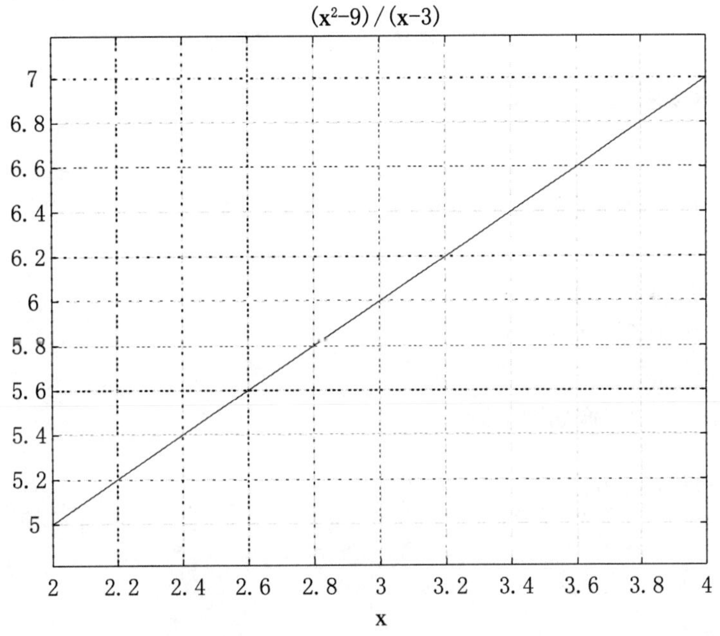

图4.1 函数 $y=(x^2-9)/(x-3)$ 的图像

【例4.2】 求极限 $\lim\limits_{x\to 0}\dfrac{\sin x}{x}$。

解

```
syms x y
y=sin(x)/x;
lim_y = limit(y);
ezplot(y,[-10,10]);grid on
```

运行结果

lim_y = 1,y的图像如图4.2所示。

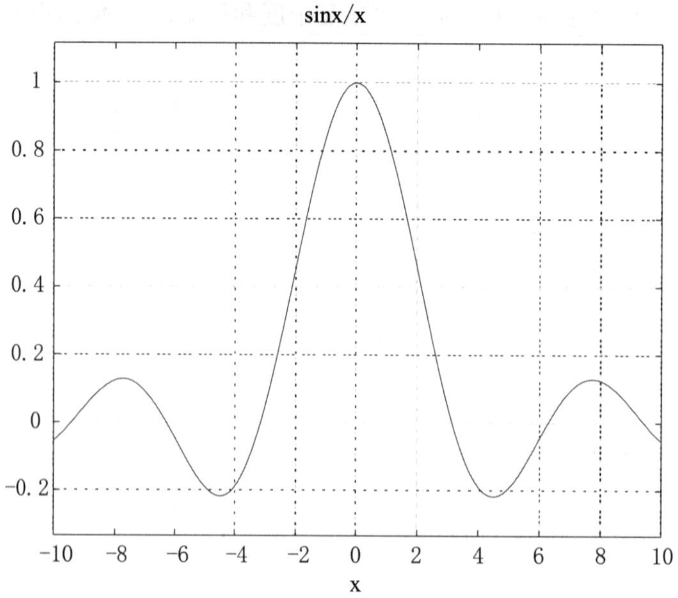

图4.2 函数$y=\sin x/x$的图像

【例4.3】 求极限$\lim\limits_{x\to+\infty}\arctan \boldsymbol{x}$。

解

```
syms x y
y=arctan(x);
lim_y = limit(y,x,+inf);
ezplot(y,[0,1000000]);grid on
```

运行结果

lim_y = pi/2,y的图像如图4.3所示。

【例4.4】 求极限$\lim\limits_{x\to\infty}\left(1+\dfrac{1}{x}\right)^x$。

解

```
syms x y
y=(1+1/x)^x;
lim_y = limit(y,x,inf);
ezplot(y,[-1000000,1000000]);grid on
```

运行结果

lim_y = exp(1),y的图像如图4.4所示。

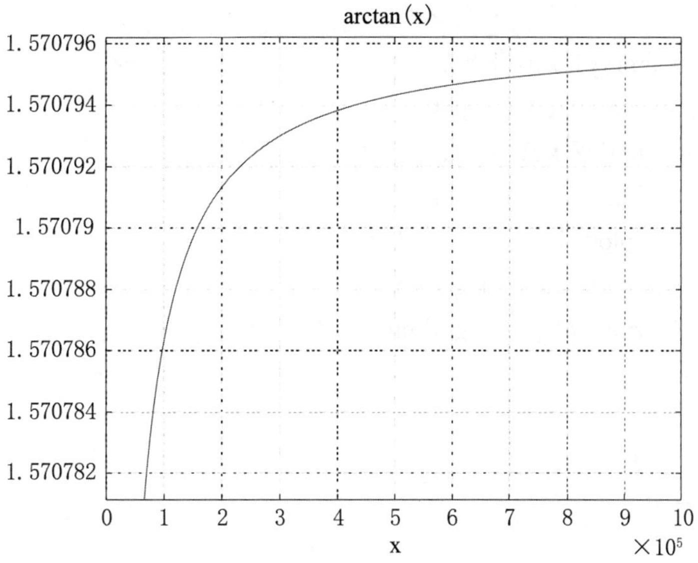

图4.3　函数$y=\arctan x$的图像

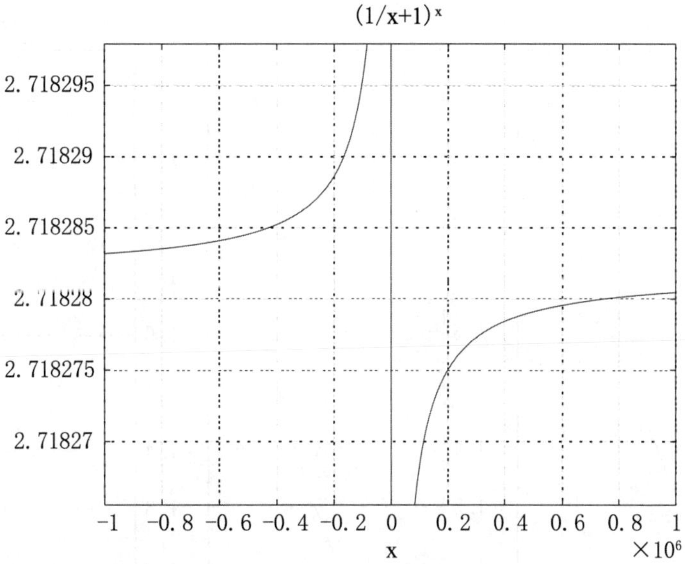

图4.4　函数$y=(1+1/x)^x$的图像

【例4.5】　设$f(x)=\begin{cases}3x+2 & x\leqslant 0\\ x^2+1 & 0<x\leqslant 1\\ \dfrac{2}{x} & x>1\end{cases}$,分别讨论$x\to 0$及$x\to 1$时,$f(x)$的极限是否存在。

解

```
syms x y1 y2 y3
y1 = 3*x+2;
y2 = x^2+1;
```

```
y3 = 2/x;
lim_y1_left = limit(y1,x,0,'left');
lim_y2_right = limit(y2,x,0,'right');
lim_y2_left = limit(y2,x,1,'left');
lim_y3_right = limit(y3,x,1,'right');
subplot(1,3,1);ezplot(y1,[-2,0]);grid on;
subplot(1,3,2);ezplot(y2,[0,1]);grid on;
subplot(1,3,3);ezplot(y3,[1,2]);grid on
```

运行结果

```
lim_y1_left = 2
lim_y2_right = 1
lim_y2_left = 2
lim_y3_right = 2
```

由结果知，$\lim\limits_{x \to 0} f(x)$不存在，$\lim\limits_{x \to 1} f(x)=2$。$f(x)$的图像如图4.5所示。

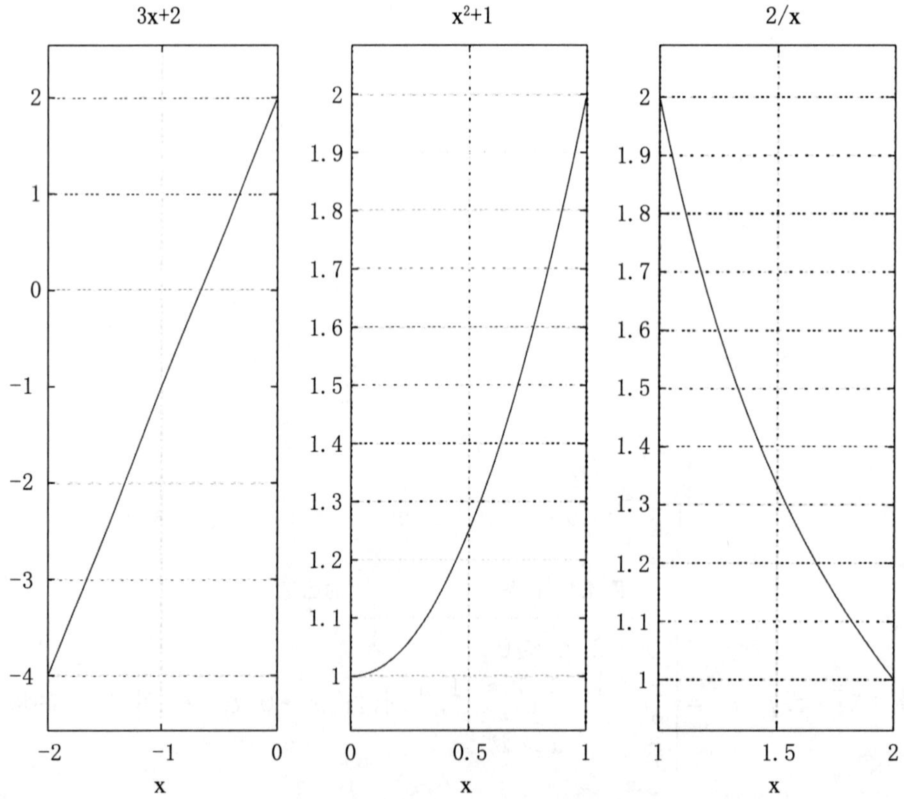

图4.5　分段函数$f(x)$的图像

实验练习

1. 运用MATLAB计算下列函数的极限并绘制函数的图像。

(1) $\lim\limits_{x\to 1}\dfrac{x^2-3x+2}{1-x^2}$

(2) $\lim\limits_{x\to 0}\dfrac{x^2}{1-\sqrt{1+x^2}}$

(3) $\lim\limits_{x\to 1}\left(\dfrac{3}{1-x^3}-\dfrac{1}{1-x}\right)$

(4) $\lim\limits_{x\to +\infty}\left(1-\dfrac{1}{x}\right)^{\sqrt{x}}$

(5) $\lim\limits_{x\to \infty}\left(1-\dfrac{2}{x}\right)^{x-1}$

(6) $\lim\limits_{x\to 2}\dfrac{\cos x-\cos 2}{x-2}$

(7) $\lim\limits_{x\to 0}\dfrac{\ln(1+2x)}{\sin 4x}$

(8) $\lim\limits_{x\to 0}\left(\dfrac{2^x+3^x}{2}\right)^{\frac{4}{x}}$

(9) $\lim\limits_{x\to 0}\dfrac{1-\mathrm{e}^{\frac{1}{x}}}{x+\mathrm{e}^{\frac{1}{x}}}$

(10) $\lim\limits_{x\to 0}\left(\dfrac{1}{x^2}-\dfrac{1}{x\tan x}\right)$

2. 运用MATLAB讨论下列分段函数的极限。

(1) 设函数$f(x)=\begin{cases}2x & 0\leqslant x<1\\ 3-x & 1\leqslant x\leqslant 3\end{cases}$，讨论$x\to 1$时，$f(x)$的极限是否存在。

(2) 设函数$f(x)=\begin{cases}x-2 & x<0\\ x^2+1 & x\geqslant 0\end{cases}$，讨论$x\to 0$时，$f(x)$的极限是否存在。

(3) 设函数$f(x)=\begin{cases}\mathrm{e}^{-\frac{2}{x-1}} & x\neq 1\\ 0 & x=1\end{cases}$，讨论$x\to 1$时，$f(x)$的极限是否存在。

(4) 设函数$f(x)=\begin{cases}\dfrac{2}{x^2} & x<0\\ x^2-2x & 0\leqslant x\leqslant 2\\ 3x-6 & x>2\end{cases}$，讨论$x\to 0$，$x\to 1$，$x\to 2$时，$f(x)$的极限是否存在，并求$\lim\limits_{x\to +\infty}f(x)$，$\lim\limits_{x\to -\infty}f(x)$。

实验5　导数实验

实验目的

1. 熟练掌握MATLAB的求导命令和求导法则，深入理解导数的概念和几何意义，为学生后续的专业学习和科学计算夯实基础。

2. 通过MATLAB求解导数，培养学生的精确计算能力，使他们在处理实际问题时能够运用导数知识进行精准分析，提高解决问题的能力和科学素养。

3. 树立严谨治学、求真务实的学风，强调数据的真实性和准确性，通过团队合作和交流来解决问题，培养良好的团队合作精神。

基本原理

导数问题是微积分中的基本问题，MATLAB为导数运算提供了方便、高效的命令，可以满足一般的运算需求。在MATLAB中导数计算的命令如表5.1所示。

表5.1　MATLAB中导数计算的命令

命　令	功　能
diff(y)	求一阶导数
diff(y,x)	求一阶导数
diff(y,x,n)	求n阶导数
diff(z,x,n)	z关于x的偏导数，x不能省略
diff(z,y,n)	z关于y的偏导数，y不能省略

示例演示

【例5.1】　已知$y=x\sin x\ln x$，求y'。

解

```
syms x y
y=x*sin(x)*log(x);
y1=diff(y)
```

运行结果

```
y1 = sin(x)+log(x)*sin(x)+x*cos(x)*log(x)
```

【例5.2】 已知$y=\dfrac{1-x^3}{\sqrt{x}}$，求$y'\big|_{x=1}$。

解

```
syms x y
y=(1-x^3)/sqrt(x);
y1=diff(y)
y2=subs(y1,x,1)
```

运行结果

```
y1 = (x^3-1)/(2*x^(3/2))- 3*x^(3/2)
y2 = -3
```

【例5.3】 作函数$y=x^3+2x^2-8x+9$的图像及其在$x=-2$处的切线。

解

```
clear
syms x
f=x^3+2*x^2-8*x+9;
f_d=diff(f,x);
x=-2;
y0=eval(f);
k=eval(f_d);      %斜率
x=-4:0.01:3;
y=x.^3+2*x.^2-8*x+9;
y_1=y0+k*(x+2);      %切线方程
plot(x,y,'b',x,y_1,'r')
```

运行结果

如图5.1所示。

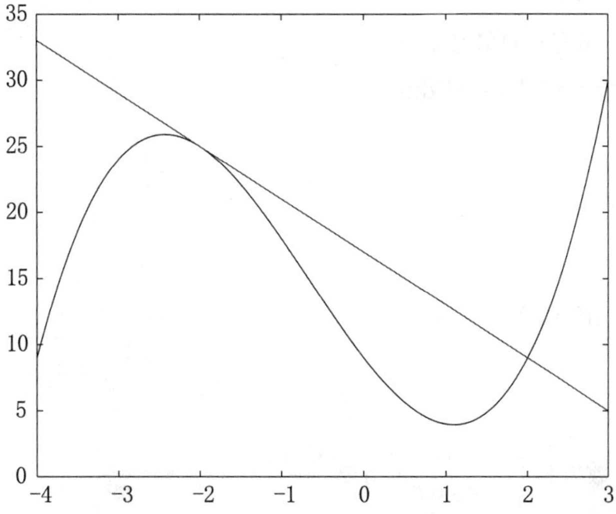

图5.1　函数$f=x^3+2x^2-8x+9$的图像及其在$x=-2$处的切线

【例 5.4】 已知 $y=(1+x^2)\arctan x$，求 y''。

解

```
syms x y
y=(1+x^2)*atan(x);
y1=diff(y,x,2)
```

运行结果

```
y1 = 2*atan(x) + (2*x)/(x^2 + 1)
```

【例 5.5】 求隐函数 $y^2=y+\mathrm{e}^{2x}$ 的导数。

分析：隐函数的求导公式：隐函数 $F(x,y)=0$ 的导数为 $\dfrac{\mathrm{d}y}{\mathrm{d}x}=-\dfrac{F_x}{F_y}$。

隐函数求导命令：dydx=−diff(F,x)/diff(F,y)。

解

先令 $\mathrm{F}=\mathrm{y}^2-\mathrm{y}-\mathrm{e}^{2\mathrm{x}}$。

```
syms x y
F=y^2-y-exp(2*x);
dydx=-diff(F,x)/diff(F,y)
```

运行结果

```
dydx =(2*exp(2*x))/(2*y-1)
```

【例 5.6】 求参数方程 $\begin{cases} x=\arctan t \\ y=\ln(1+t^2) \end{cases}$ 的导数 $\dfrac{\mathrm{d}y}{\mathrm{d}x}$。

分析：参数方程 $y=\varphi(t)$，$x=\psi(t)$ 求导公式：

一阶导数 $y'=\dfrac{\mathrm{d}y}{\mathrm{d}x}=\dfrac{\varphi'(t)}{\psi'(t)}$；二阶导数 $y''=\dfrac{\mathrm{d}^2y}{\mathrm{d}x^2}=\dfrac{\left[\dfrac{\varphi'(t)}{\psi'(t)}\right]'_t}{\psi'(t)}$。

参数方程求导命令：

一阶导数 dydx=diff(y,t)/diff(x,t)；

二阶导数 dydx2=diff(dydx,t)/diff(x,t)。

解

```
syms t
x=atan(t);
y=log(1+t^2);
dydx=diff(y,t)/diff(x,t)
```

运行结果

```
dydx = 2*t
```

【例 5.7】 求参数方程 $\begin{cases} x=\cos t \\ y=\sin t \end{cases}$ 的导数 $\dfrac{\mathrm{d}^2y}{\mathrm{d}x^2}$。

解

```
syms t
x=cos(t);
y=sin(t);
dydx=diff(y,t)/diff(x,t);
dydx2=diff(dydx,t)/diff(x,t)
```

运行结果

```
dydx = -cos(t)/sin(t)
dydx2 = -(cos(t)^2/sin(t)^2 + 1)/sin(t)
```

【例 5.8】 求多元函数 $z=x^2+3xy+y^2$ 的偏导数 $\frac{\partial z}{\partial x},\frac{\partial z}{\partial y}$。

解

```
syms x y z
z=x^2+3*x*y+y^2;
dzdx=diff(z,x);
dzdy=diff(z,y)
```

运行结果

```
dzdx = 2*x + 3*y
dzdy = 3*x + 2*y
```

【例 5.9】 求多元函数 $z=xye^x+\cos y$ 的偏导数 $\frac{\partial^2 z}{\partial y^2},\frac{\partial^2 z}{\partial x\partial y}$。

解

```
syms x y z
z=x*y*exp(x)+cos(y);
dzdx=diff(z,x);
dzdy=diff(z,y);
dzdy2=diff(dzdy,y);
dzdxdy=diff(dzdx,y)
```

运行结果

```
dzdx=y*exp(x) + x*y*exp(x)
dzdy=x*exp(x) - sin(y)
dzdy2=-cos(y)
dzdxdy=exp(x) + x*exp(x)
```

实验练习

1. 计算下列函数的导数。

(1) $y=\arcsin\dfrac{x}{2}$　(2) $y=\operatorname{arccot}2x$　(3) $y=(\cos x)^{\sin x}$

(4) $y=x^{\frac{1}{x}}$　(5) $y=\dfrac{\sqrt{x+2}\,(3-x)^4}{(x+1)^5}$　(6) $y=\sec^2 x+\csc^2 x$

2. 作函数$y=x^3$的图像及其在$x=1$处的切线和法线。

3. 计算下列函数的三阶导数。

(1) $y=\ln(1-x^2)$　(2) $y=(1+x^2)\arctan x$

(3) $y=x^3\ln x$　(4) $y=xe^{x^2}$

4. 求下列方程所确定的隐函数的导数。

(1) $x^2+y^2-xy=1$　(2) $xy^2-e^{xy}+2=0$

(3) $y-x-\ln y=1$　(4) $y-xe^y+2=0$

5. 求由下列参数方程所确定的函数的导数。

(1) $\begin{cases}x=t^3\\y=\sin t\end{cases}$　(2) $\begin{cases}x=\ln(1+t^2)\\y=t+\arctan t\end{cases}$

6. 求下列函数的$\dfrac{\partial^2 z}{\partial x^2},\dfrac{\partial^2 z}{\partial y^2}$和$\dfrac{\partial^2 z}{\partial x\partial y}$。

(1) $z=x^4+y^4-3x^2y^2$　(2) $z=\arctan\dfrac{y}{x}$

实验6 极 值 实 验

实验目的

1. 掌握MATLAB求极值的命令和用法。

2. 学会用MATLAB计算函数的极大值、极小值和函数的最值。

3. 从使用MATLAB计算函数极值拓展到计算函数最值,培养学生的创新精神、刻苦钻研的科研精神和积极向上的学习态度。

基本原理

在MATLAB中计算函数极值的基本语法如下:

[x0,fmin]=fminbnd(y,a,b)

其中,a,b为区间端点,输出x0和fmin分别为极小值点和极小值。若求极大值,只需改变函数的符号即可。

注意:如果在给定区间上单变量函数存在多个极值点,那么"fminbnd"命令仅能求出其中一个,且这个极值点不一定是区间上的最小值点。

示例演示

【例6.1】 求$y=\frac{1}{5}x^5-\frac{1}{3}x^3$在区间[−2,2]上的极大值和极小值。

解

```
y1='1/5*x^5-1/3*x^3';
[x0,fmin]=fminbnd(y1,-2,2);      %计算极小值
y2='-1/5*x^5+1/3*x^3';
[x1,fmax]=fminbnd(y2,-2,2);
fmax=-fmax;      %计算极大值
ezplot(y1);      %画图
axis([-2 2 -0.5 0.5])
```

运行结果

如图6.1所示。

x0 = 1　　　fmin = −0.1333

x1 = −1　　fmax = 0.1333

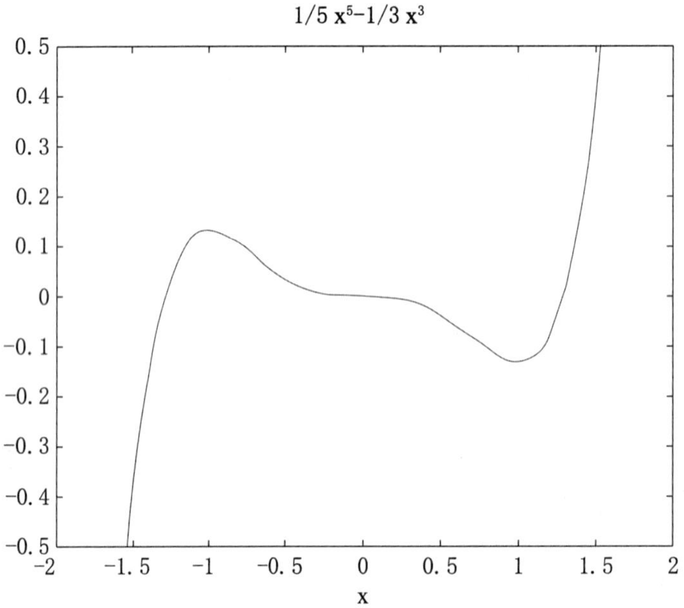

图6.1　函数$y=\frac{1}{5}x^5-\frac{1}{3}x^3$的图像

【例6.2】 求函数$y=(x-1)^2(x+1)^3$的极值。

解

```
syms x
y=(x-1)^2*(x+1)^3;
dy=diff(y);      %计算一阶导数
x0=solve(dy);      %计算一阶导数等于0的根
ezplot(y);      %画图
axis([-1.5 1.5 -1 4])
%根据图像确定极值点
m=subs(y,x,1);
M=subs(y,x,1/5)
```

运行结果

如图6.2所示。

```
dy=(2*x - 2)*(x + 1)^3 + 3*(x - 1)^2*(x + 1)^2
x0= -1  1/5  1
m= 0
M= 3456/3125
```

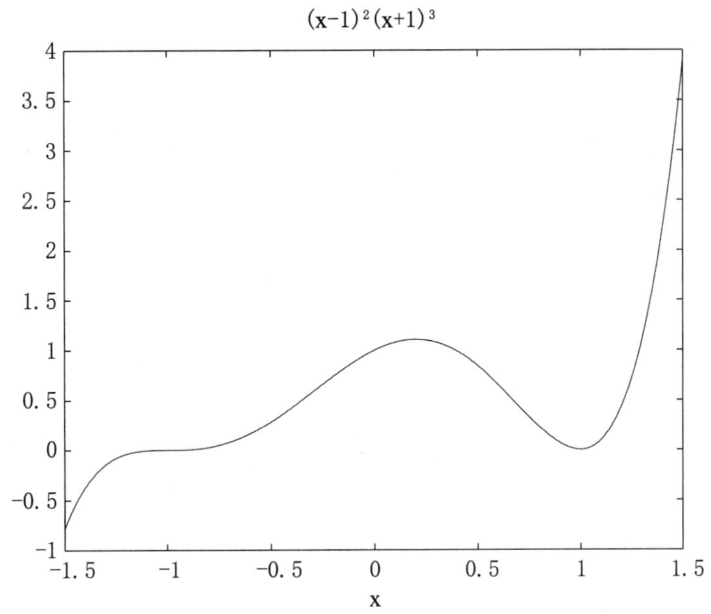

图6.2 函数$y=(x-1)^2(x+1)^3$的图像

【例6.3】 利用极值的第二充分条件,求函数$y=x^3-3x$的极值,并计算函数在区间$[-1.5,3]$上的最值。

解

```
syms x
y=x^3-3*x;
dy=diff(y,x);      %计算一阶导数
dy2=diff(y,x,2);      %计算二阶导数
x0=solve(dy);      %计算一阶导数等于0的根
ezplot(y);      %画图
axis([-1.5 3 -3 20]);
for t=x0'
   if subs(dy2,x,t)>0
      m=subs(y,x,t);      %极小值
   end
   if subs(dy2,x,t)<0
      M=subs(y,x,t);      %极大值
   end
end
m,M
A=[subs(y,x,-1.5) m M subs(y,x,3)];
ymax=max(A);      %计算最大值
ymin=min(A);      %计算最小值
```

运行结果

如图6.3所示。

dy = 3*x^2 − 3

dy2= 6*x

x0 = −1 1

m = −2

M = 2

ymax = 18

ymin = −2

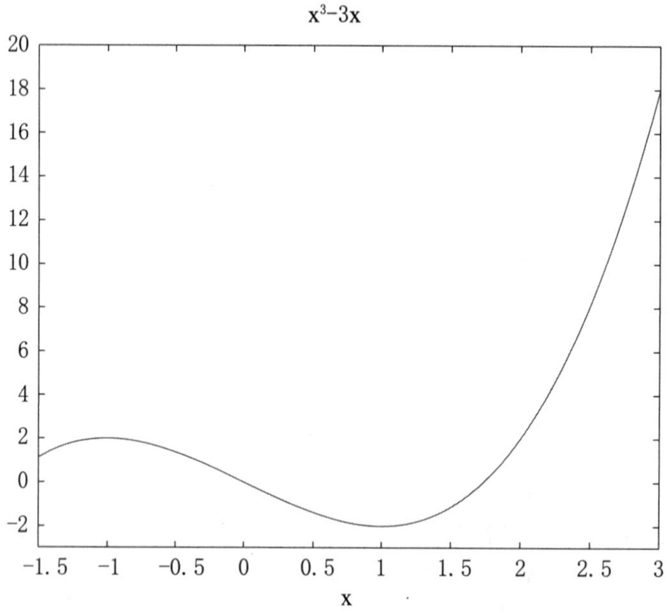

图6.3 函数$y=x^3-3x$的图像

实验练习

1. 计算下列函数的极值。

(1) $y=x^4-x^2+x-1,\quad x\in[-2,1]$

(2) $f(x)=e^{-x^2}(x+\sin x),\quad x\in[-10,10]$

(3) $f(x)=\sin(2x+1)+3\sin(4x+3)+5\sin(6x+5),\quad x\in[-4,4]$

(4) $f(x)=-\dfrac{1}{(x-2)^2+3}-\dfrac{1}{3(x-5)^2+4}-\dfrac{1}{2(x-1)^2+1},\quad x\in[-8,8]$

(5) $f(x)=|x+1|+x^2+x-2,\quad x\in[-2,2]$

2. 计算下列函数的最值。

(1) $f(x)=x^4-2x^2+3,\quad x\in[-2,2]$ (2) $f(x)=x+2\sqrt{x},\quad x\in[0,4]$

(3) $f(x)=x^2+\frac{16}{x}$, $x\in[1,3]$

(4) $f(x)=\sin 2x-x$, $x\in[-\frac{\pi}{2},\frac{\pi}{2}]$

(5) $f(x)=\frac{x}{x^2+1}$, $x\in[0,+\infty)$

3. 某公司有50套公寓要出租,当每月每套租金为180元时,公寓可以全部租出去。当每月每套租金增加10元时,就会有一套公寓租不出去,而租出去的房子每月需花费20元的整修维护费,试问房租租金为多少时可获得最大收入?

实验7 积 分 实 验

实验目的

1. 掌握MATLAB软件中关于积分运算的基本命令。

2. 学会用MATLAB进行不定积分、定积分等积分运算的方法。

3. 通过MATLAB积分实验，锻炼学生的实践能力和动手能力，培养科学精神和创新思维。

基本原理

在MATLAB中，有许多内置的积分函数，可以使用它们求解各种积分问题。表7.1和表7.2是MATLAB中常用的求不定积分和定积分的函数。

表7.1 不定积分和定积分的调用函数

命 令	功 能
int(f)+C	计算f关于默认变量的不定积分
int(f,v)+C	计算f关于指定变量v的不定积分
int(f,a,b)	计算f关于默认变量在区间$[a,b]$上的定积分
int(f,v,a,b)	计算f关于指定变量v在区间$[a,b]$上的定积分

表7.2 数值积分的调用函数

数值积分命令	功 能
rsums(f)	计算f在$[0,1]$上定积分的近似值
rsums(f,a,b) 或 rsums(f,[a,b])	计算f在$[a,b]$上定积分的近似值
integral(f,a,b)	计算f在$[a,b]$上的数值积分
integral(f,a,b,name,value)	按要求计算f在$[a,b]$上的数值积分
integral2(f,a,b,c,d)	计算二元函数f在[a,b]$\times[c,d]$上的数值积分
integral2(f,a,b,c,d,name,value)	按要求计算二元函数f在$[a,b]\times[c,d]$上的数值积分

示例演示

【例7.1】 计算不定积分$\int\frac{x^2}{1+x^2}\mathrm{d}x$。

解

```
syms x C
f=x^2/(1+x^2);
y=int(f,x)+C
```

运行结果

```
y=C+x-atan(x)
```

【例7.2】 计算不定积分$\int \frac{1}{t\ln t}\mathrm{d}t$。

解

```
syms t C
f=1/(t*log(t));
y=int(f,t)+C
```

运行结果

```
y=C+log(log(t))
```

【例7.3】 计算定积分$\int_0^8 \frac{1}{1+\sqrt{x}}\mathrm{d}x$。

解

```
syms x
f=1/(1+sqrt(x));
y=int(f,x,0,8)
```

运行结果

```
y =2*8^(1/2) - 2*log(8^(1/2) + 1)
```

【例7.4】 计算定积分$\int_{-1}^3 |2-x|\mathrm{d}x$。

解

```
syms x
f=abs(2-x);
y=int(f,x,-1,3)
```

运行结果

```
y=5
```

【例7.5】 计算反常积分$\int_{-\infty}^{+\infty} \frac{1}{1+x^2}\mathrm{d}x$。

解

```
syms x
f=1/(1+x^2);
y=int(f,x,-inf,+inf)
```

运行结果

```
y=pi
```

【例 7.6】 计算极限 $\lim\limits_{x\to 0}\dfrac{1}{x}\int_0^{\sin x}\mathrm{e}^t\mathrm{d}t$。

解

```
syms x t
m=int(exp(t),t,0,sin(x));
n=x;
y=limit(m/n,x,0)
```

运行结果

```
y=1
```

【例 7.7】 设 $f(x)=\int_x^{-1}\cos^2 t\,\mathrm{d}t$，求 $f'\left(\dfrac{\pi}{4}\right)$。

解

```
syms x t
f=int(cos(t)^2,t,x,-1);
y1=diff(f,x);
y2=subs(y1,pi/4)
```

运行结果

```
f=-x/2-sin(2*x)/4-sin(2)/4-1/2
y1=-cos(2*x)/2-1/2
y2=-1/2
```

【例 7.8】 计算多重积分 $\int_0^1\mathrm{d}x\int_0^1\mathrm{e}^{x+y}\mathrm{d}y$。

解

```
syms x y
s=int(int(exp(x+y),y,0,1),x,0,1)
```

运行结果

```
s=(exp(1) - 1)^2
```

【例 7.9】 计算多重积分 $\int_1^3\mathrm{d}y\int_{\frac{1}{2}(y-3)}^{3-y}(2x-y)\mathrm{d}x$。

解

```
syms x y
s=int(int(2*x-y,x,1/2*(y-3),3-y),y,1,3)
```

运行结果

```
s=-3
```

【例 7.10】 计算多重积分 $\int_0^{2\pi}\mathrm{d}\theta\int_0^1\dfrac{r}{1+r^2}\mathrm{d}r$。

解

```
syms r t
```

```
s=int(int(r/(1+r^2),r,0,1),t,0,2*pi)
```

运行结果

```
s=pi*log(2)
```

【例7.11】 数值积分$\int_0^1 e^{-2x^2}dx$。

解

```
syms x
rsums(exp(-2*x^2),[0,1])
```

运行结果

0.598145,结果如图7.1所示。

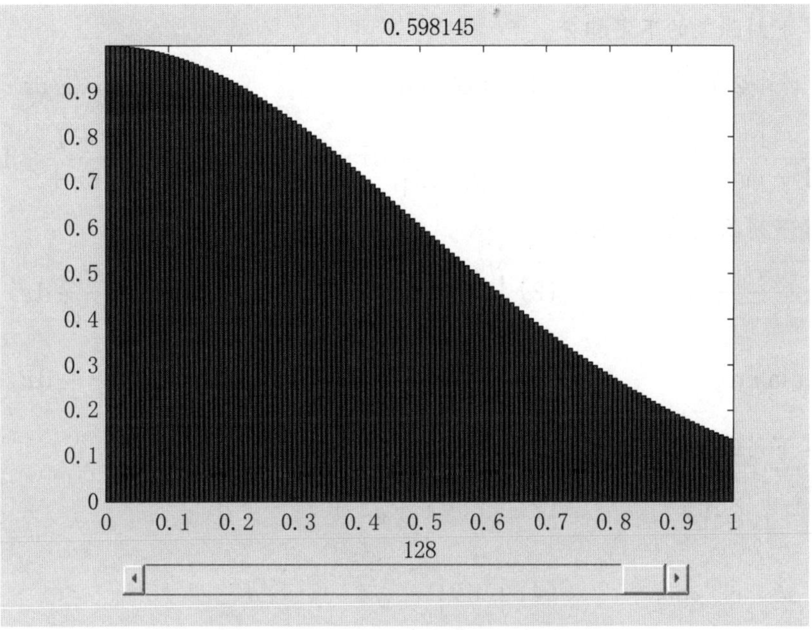

图7.1 exp($-2x^2$)**在**[0,1]**上的积分**

【例7.12】 数值积分$\int_{-\infty}^{+\infty} e^{-x^2}dx$。

解

```
syms x
format long
f=@(x)exp(-x.^2);
y=integral(f,-inf,+inf,'RelTol',0,'AbsTol',1e-12)
```

运行结果

```
y=1.772453850905516
```

【例7.13】 数值积分$\int_{-1}^{1} dx\int_{1}^{\sqrt{2-x^2}} \frac{1}{x^2+y^2}dx$。

解

```
syms x y
format long
f=@(x,y) 1./(x.^2+y.^2);
b=@(x) sqrt(2-x.^2);
s=integral2(f,-1,1,1,b)
```

运行结果

```
s=0.371569071674841
```

实验练习

1. 计算下列函数的不定积分。

(1) $\int (x^2+2^x)\mathrm{d}x$ (2) $\int x\cos x\,\mathrm{d}x$ (3) $\int \arctan\sqrt{x}\,\mathrm{d}x$

(4) $\int \frac{1}{1+\tan x}\mathrm{d}x$ (5) $\int \frac{x\mathrm{e}^x}{\sqrt{\mathrm{e}^x-1}}\mathrm{d}x$ (6) $\int \frac{3x+1}{x^2-2x+5}\mathrm{d}x$

2. 计算下列函数的定积分。

(1) $\int_0^3 \frac{x}{\sqrt{1+x}}\mathrm{d}x$ (2) $\int_0^{\ln 2}\sqrt{\mathrm{e}^x-1}\,\mathrm{d}x$ (3) $\int_{-1}^1 \frac{x^2\sin x}{2+x^4}\mathrm{d}x$

(4) $\int_1^2 x\ln x\,\mathrm{d}x$ (5) $\int_1^{64}\frac{1}{\sqrt{x}+\sqrt[3]{x}}\mathrm{d}x$ (6) $\int_0^{+\infty}\frac{1}{1+x^2}\mathrm{d}x$

3. 计算下列函数的多重积分。

(1) $\int_1^2 \mathrm{d}x\int_1^x xy\,\mathrm{d}y$ (2) $\int_{-1}^1 \mathrm{d}x\int_x^1 y\sqrt{1+x^2-y^2}\,\mathrm{d}y$

(3) $\int_0^{2\pi}\mathrm{d}\theta\int_0^1 \mathrm{e}^{-\rho^2}\rho\mathrm{d}\rho$ (4) $\int_0^{\frac{\pi}{2}}\mathrm{d}\theta\int_0^{2\cos\theta}\sqrt{4-\rho^2}\,\rho\mathrm{d}\rho$

4. 数值积分 $\int_1^{+\infty}\frac{1}{x^2}\mathrm{d}x$。

实验8　微分方程实验

实验目的

1. 掌握MATLAB求解常微分方程的命令及其用法。

2. 掌握MATLAB求解常微分方程的符号解法和数值解法。

3. 在MATLAB环境下进行常微分方程实验，培养学生的实践能力，增强其将理论知识应用于实际问题的解决能力。

基本原理

在解决常微分方程的问题方面，MATLAB既可进行符号求解，也可进行数值求解。MATLAB提供了多种可适用于不同场景(如刚性和非刚性问题)下的数值求解器，如ode45、ode15s、ode23、ode23s等。相关命令见表8.1和表8.2。

表8.1　常微分方程(组)解析解命令

常微分方程(组)解析解命令	功　　能
dsolve(Eqns, Conds, v)	计算微分方程(组)Eqns关于变量v的解析解，Conds为初值条件

表8.2　常微分方程(组)数值解命令

常微分方程(组)数值解命令	功　　能
[t,x]=ode45(fun, tspan, x0)	4阶五级Runge-Kutta算法，tspan是积分区间，x0是初值。处理非刚性问题，属于中高精度的求解器
[t,y]=ode23('fun', tspan, y0)	处理非刚性问题，精度低。处理对精度要求不高或中等刚性的问题
[t,y]=ode113(fun, tspan, y0)	处理非刚性问题，精度可调节。处理某些问题比ode45更精确更高效
[t,y]=ode15s(fun, tspan, y0)	处理刚性问题，精度低中。ode45失效时，优先尝试
[t,y]=ode23s(fun, tspan, y0)	处理刚性问题，精度低
[t,y]=ode23t(fun, tspan, y0)	处理中等刚性问题，精度低
[t,y]=ode23tb(fun, tspan, y0)	处理对精度要求不高的刚性问题

示例演示

【例8.1】 计算$y'-\frac{2}{x+1}y=(x+1)^3$的通解。

解

```
syms f(x)
y=dsolve(diff(f)-2*f/(1+x)==(x+1)^3);
y=simplify(y)
```

运行结果

```
y=((x + 1)^2*(x^2 + 2*x + 2*C4))/2
```

【例8.2】 计算$y''=\frac{1}{x}y'+xe^x$的通解。

解

```
syms x y
f=dsolve('D2y=Dy/x+x*exp(x)','x');
y=simplify(f)
```

运行结果

```
y = C5 - exp(x) + C4*x^2 + x*exp(x)
```

【例8.3】 计算$y''=4y'-3y$满足初值条件$y\big|_{x=0}=2,y'\big|_{x=0}=4$的特解。

解

```
syms  x y
f=dsolve('D2y=4*Dy-3*y','y(0)=2,Dy(0)=4','x')
```

运行结果

```
f=exp(3*x)+exp(x)
```

【例8.4】 计算常微分方程组

$$\begin{cases}u'(x)=u(x)+2v(x)\\v'(x)=u(x)-3v(x)\end{cases}$$

满足初值条件$u(0)=2,v(0)=1$的解。

解

```
syms  u(x) v(x)
eqns=[diff(u)==u+2*v,diff(v)==u-3*v];
conds=[u(0)==2,v(0)==1];
[u,v]=dsolve(eqns,conds)
```

运行结果

```
u=(exp(x*(6^(1/2) - 1))*(6^(1/2) +2))/2 - (exp(-x*(6^(1/2) +1))*
(6^(1/2)-2))/2
v=exp(-x*(6^(1/2)+1))*(exp(2*6^(1/2)*x)/2 + 1/2)
```

【例8.5】 Rossler微分方程组

$$\begin{cases}\dot{x}(t)=-y(t)-z(t)\\ \dot{y}(t)=x(t)+ay(t)\\ \dot{z}(t)=b+\left(x(t)-c\right)z(t)\end{cases}$$

已知$a=b=0.2,c=5.7$,且$x(0)=y(0)=z(0)=0$。求Rossler方程组在区间$[0,200]$内的数值解。

解

```
clc
f=@(t,x)[-x(2)-x(3);x(1)+0.2*x(2);0.2+(x(1)-5.7)*x(3)];
[t,y]=ode45(f,[0,200],[0;0;0]);
plot(t,y(:,1),'b');
hold on;
plot(t,y(:,2),'g');
plot(t,y(:,3),'r');
xlabel('t');
legend('x(t)','y(t)','z(t)');
figure;
plot3(y(:,1),y(:,2),y(:,3))      %画三维图;
xlabel('x');ylabel('y');zlabel('z')
```

运行结果

如图8.1所示。

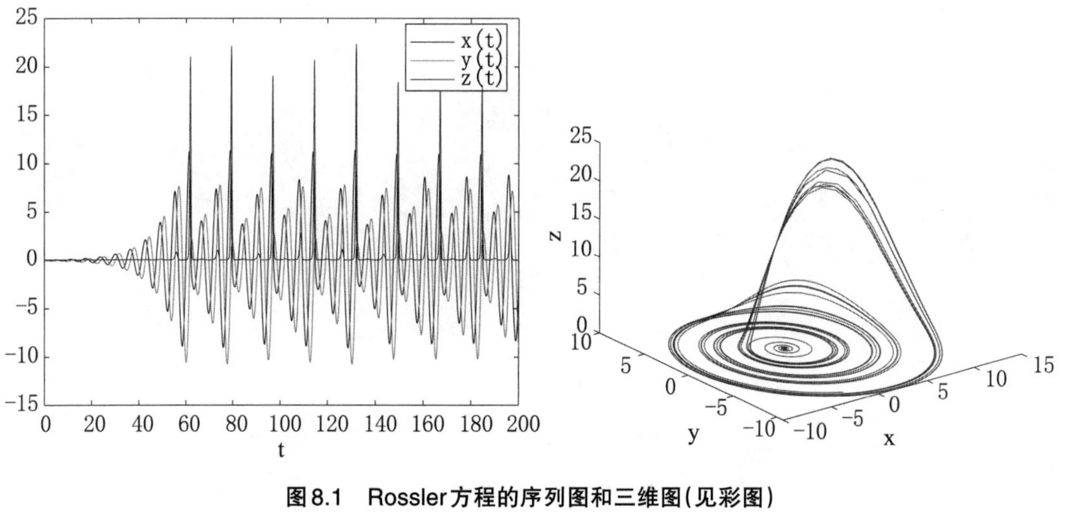

图8.1 Rossler方程的序列图和三维图(见彩图)

实验练习

1. 求下列微分方程的通解。

(1) $y'=-\dfrac{x}{y}$　　(2) $y''=\cos x$

(3) $y^2+x^2y'=xyy'$　　(4) $y'-2xy=\mathrm{e}^{x^2}\cos x$

2. 求下列微分方程的特解。

(1) $xy\mathrm{d}y+\mathrm{d}x=y^2\mathrm{d}x+y\mathrm{d}y$ 满足条件 $y|_{x=0}=2$。

(2) $y''=2yy'$ 满足条件 $y|_{x=0}=1, y'|_{x=0}=2$。

3. 分别使用 ode45 和 ode15s 求解微分方程组在区间[0,500]内的数值解。

$$\begin{cases}\dot{x}=y\\ \dot{y}=100(1-x^2)y-2x\end{cases}$$

4. Lorenz 微分方程组

$$\begin{cases}x'=\sigma(y-x)\\ y'=rx-y-xz\\ z'=xy-bz\end{cases}$$

已知 $\sigma=10, r=28, b=\dfrac{8}{3}$，且 $x(0)=y(0)=0, z(0)=1$。求 Lorenz 方程组在区间[0,1000]内的数值解。

实验9　线性代数实验

实验目的

1. 掌握MATLAB在行列式、矩阵运算中的命令。
2. 学会用MATLAB求解线性方程组的命令格式。
3. 培养学生的科学思维能力、实验技能和实践能力，提高学生的分析问题和解决问题的能力。

基本原理

MATLAB可以方便地求解矩阵的线性运算、乘法、转置、逆矩阵、行列式的值等，具体命令格式如表9.1和表9.2所示。MATLAB也可以求线性方程组的通解，函数调用格式如表9.3所示。

表9.1　矩阵运算命令(1)

命令	功　能	命令	功　能
transpose(A)	转置运算	[V,D]=eig(A)	矩阵的特征值D和特征向量V
det(A)	矩阵的行列式	[m,n]=size(A)	矩阵的行数m和列数n
rank(A)	矩阵的秩	diag(A)	提取矩阵A的对角线元素
inv(A)	矩阵的逆	tril(A)或triu(A)	提取矩阵A的下(上)三角部分

表9.2　矩阵运算命令(2)

命　令	功　能
rref(A)	利用初等行变换将矩阵A化成阶梯形矩阵
adjoint(A) 或det(A)*inv(A)	求解符号矩阵的伴随矩阵
poly(A)和charpoly(A,'x')	矩阵A的特征多项式det($bI-A$)

表9.3　解线性方程组的调用函数

命　令	功　能
x=inv(A)*b	当系数矩阵与增广矩阵的秩相等且等于n时，有唯一一组解
z=null(sym(A)); x0=sym(pinv(A)*b)	null是求齐次线性方程组的基础解系，z由$n-r$个线性无关的列向量构成，而非齐次线性方程组的特解可由pinv函数求解

示例演示

【例 9.1】 已知 $A=\begin{bmatrix}1&1&0\\-1&2&3\\0&3&2\end{bmatrix}$，$B=\begin{bmatrix}1&2\\3&2\\1&-1\end{bmatrix}$。求 $(A\cdot B)^{\mathrm{T}}$，$B^{\mathrm{T}}\cdot A^{\mathrm{T}}$，$|A|$，$A^{-1}$ 和 A 的秩。

解

```
A=[1 1 0;-1 2 3;0 3 2];
B=[1 2;3 2;1 -1];
C=transpose(A*B);        %计算转置
D=transpose(B)*transpose(A);
E=det(A);        %计算矩阵A的行列式
F=inv(A);        %求矩阵A的逆矩阵
G=rank(A);        %求矩阵A的秩
```

运行结果

```
C=4     8    11
  4    -1     4
D=4     8    11
  4    -1     4
E=-3
F=1.6667     0.6667      -1.0000
  -0.6667   -0.6667      1.0000
  1.0000     1.0000      -1.0000
G=3
```

【例 9.2】 将矩阵 A 化成阶梯形矩阵。

$$A=\begin{bmatrix}1&2&-1&4\\2&4&3&5\\-1&-2&6&-7\end{bmatrix}$$

解

```
A=[1 2 -1 4;2 4 3 5;-1 -2 6 -7];
B=rref(A);        %化成阶梯形矩阵
```

运行结果

```
B=1   2   0   3.4
  0   0   1   -0.6
  0   0   0   0
```

【例 9.3】 求矩阵 A 的伴随矩阵。

$$A=\begin{bmatrix}1 & 1 & 2\\ -1 & 2 & 0\\ 2 & 1 & 3\end{bmatrix}$$

解

```
A=[1 1 2;-1 2 0;2 1 3];
B=eval(adjoint(sym(A)));    %用adjoint求伴随矩阵
C=det(A)*inv(A)    %利用定义求伴随矩阵
```

运行结果

```
B=6    -1   -4
  3    -1   -2
  -5   1    3
C=6    -1   -4
  3    -1   -2
  -5   1    3
```

【例9.4】 解线性方程组。

$$\begin{cases}x_1-x_2+3x_3=8\\ 3x_1+2x_2-x_3=-1\\ 4x_1-3x_2+2x_3=11\end{cases}$$

解

```
A=[1 -1 3;3 2 -1;4 -3 2];
b=[8;-1;11];
x1=inv(A)*b;    %定义求解
x2=A\b;    %左除求解
x3=sym(A)\b;    %符号解
x4=eval(x3);    %数值解
```

运行结果

```
x1 = 1 -1  2
x2 = 1 -1  2
x3 = 1 -1  2
x4 = 1 -1  2
```

【例9.5】 求线性方程组的通解。

$$\begin{cases}x_1-x_2+2x_3+x_4=1\\ 2x_1-x_2+x_3+2x_4=3\\ x_1-x_3+x_4=2\\ 3x_1-x_2+3x_4=5\end{cases}$$

解

```
A=[1 -1 2 1;2 -1 1 2;1 0 -1 1;3 -1 0 3];    %系数矩阵
```

```
b=[1;3;2;5];     %常数项
C=[A b];     %增广矩阵
[rank(A) rank(C)]     %计算秩
z=null(sym(A))     %计算基础解系
x0=sym(pinv(A)*b)     %求特解
syms a1 a2
x=z*[a1;a2]+x0     %计算通解
```

运行结果

```
ans = 2     2
z=
  [ 1,-1]
  [ 3,  0]
  [ 1,  0]
  [ 0,  1]
x0=
     17/21
     -1/7
     -8/21
     17/21
x=
  a1 - a2 + 17/21
         3*a1 - 1/7
         a1 - 8/21
         a2 + 17/21
```

【例 9.6】 求线性方程组的通解。

$$\begin{cases} x_1 - x_2 + 2x_3 + x_4 = 1 \\ 2x_1 - x_2 + x_3 + 2x_4 = 3 \\ x_1 - x_3 + x_4 = 2 \\ 3x_1 - x_2 + 3x_4 = 5 \end{cases}$$

解

```
A=[1 -1 2 1;2 -1 1 2;1 0 -1 1;3 -1 0 3];     %系数矩阵
b=[1;3;2;5];     %常数项
C=[A b];     %增广矩阵
D=rref(sym(C));     %对增广矩阵进行初等行变换
syms a1 a2
x=-D(:,3:4)*[a1;a2]+D(:,end)
```

运行结果

```
D=
```

```
        [ 1, 0, -1, 1, 2]
        [ 0, 1, -3, 0, 1]
        [ 0, 0,  0, 0, 0]
        [ 0, 0,  0, 0, 0]
x=
   a1 - a2 + 2
       3*a1 + 1
              0
              0
```

实验练习

1. 设矩阵 $A=\begin{bmatrix}1 & 1 & 0\\ -1 & 2 & 3\\ 0 & 3 & 2\end{bmatrix}$，$B=\begin{bmatrix}-2 & 0 & 1\\ 1 & 3 & 0\\ 0 & -2 & 3\end{bmatrix}$，求 $|3A-2B|$，$(AB)^{\mathrm{T}}$，$B^{\mathrm{T}}A^{\mathrm{T}}$。

2. 求下列矩阵的逆矩阵。

(1) $A=\begin{bmatrix}2 & 3 & 3\\ 1 & -1 & 0\\ -1 & 2 & 1\end{bmatrix}$　　(2) $B=\begin{bmatrix}1 & 2\\ 3 & 4\end{bmatrix}$

(3) $C=\begin{bmatrix}1 & 0 & 0 & 0\\ 1 & 2 & 0 & 0\\ 2 & 4 & 3 & 0\\ 1 & -2 & 6 & 4\end{bmatrix}$　　(4) $D=\begin{bmatrix}1 & 0 & 1\\ -1 & 1 & 1\\ -2 & -1 & 1\end{bmatrix}$

3. 求下列矩阵的秩。

(1) $A=\begin{bmatrix}2 & 1 & 2 & 3\\ 4 & 1 & 3 & 5\\ 2 & 0 & 1 & 2\\ 0 & 1 & 1 & 1\end{bmatrix}$　　(2) $B=\begin{bmatrix}2 & 1 & -1\\ -1 & -3 & 2\\ 3 & 4 & -3\end{bmatrix}$

(3) $C=\begin{bmatrix}2 & 0 & 1 & 8\\ -1 & 1 & 1 & 5\\ 1 & -3 & -3 & -14\end{bmatrix}$　　(4) $D=\begin{bmatrix}3 & 4 & -4 & 7\\ -2 & -3 & 3 & -6\\ 1 & 10 & -3 & 6\\ 2 & -2 & 1 & 3\end{bmatrix}$

4. 将下列矩阵化为行阶梯形矩阵。

(1) $A=\begin{bmatrix}3 & 1 & 1 & -2 & 4\\ 1 & 0 & -1 & 0 & 1\\ 3 & -1 & 0 & -5 & 2\\ 1 & -1 & 0 & -3 & 0\end{bmatrix}$　　(2) $B=\begin{bmatrix}1 & -2 & 2 & -1\\ 2 & -4 & 8 & 0\\ -2 & 4 & -2 & 3\\ 3 & -6 & 0 & -6\end{bmatrix}$

5. 解下列线性方程组。

(1) $\begin{cases} x_1 - x_2 + 2x_3 + x_4 = 1 \\ x_1 - x_3 + x_4 = 2 \\ 2x_1 - x_2 + x_3 + 2x_4 = 3 \\ 3x_1 - x_2 + 3x_4 = 5 \end{cases}$

(2) $\begin{cases} 2x_1 + 0.6x_2 + 1.4x_3 = 30 \\ x_1 + x_2 + x_3 = 23 \\ 8x_1 + 10x_2 + 5x_3 = 149 \end{cases}$

(3) $\begin{cases} x_1 + x_2 - 2x_3 = 5 \\ x_1 + 2x_2 - 5x_3 = 10 \\ 2x_1 + 3x_2 - 7x_3 = 13 \end{cases}$

(4) $\begin{cases} 2x_1 - 3x_2 + 3x_3 = 0 \\ 2x_1 - 3x_2 + 3x_3 = 0 \\ 3x_1 - x_2 + x_3 = 0 \end{cases}$

实验10　概率论实验

实验目的

1. 掌握运用MATLAB求解常见分布的概率密度、分布函数的命令。

2. 掌握运用MATLAB绘制概率分布图形。

3. 掌握运用MATLAB求解一般概率密度一致分布的数学期望、方差和协方差的方法。

4. 培养学生严谨、务实、探索的科学精神。学会将理论知识应用到实际问题中，提高解决实际问题的能力。

基本原理

概率论是一门重要的数学学科，它主要研究随机事件发生的概率和随机变量的规律性。MATLAB具有丰富的数学计算工具和图形绘制功能，因此MATLAB被广泛应用于概率论的理论研究、统计分析和数据可视化等方面。在MATLAB中，有关概率论的函数命令如表10.1～10.5所示。

表10.1　排列、组合命令

排列、组合命令	功　　能
factorial(n)	计算阶乘
nchoosek(m,n)	计算组合数$C(m,n)=m!/n!(m-n)!$
nchoosek(m,n)* factorial(n)	计算排列数$p(m,n)= C(m,n)*n!$
factorial(m)/factorial(m−n)	计算排列数$p(m,n)= m!/(m-n)!$

表10.2　随机数命令

随机数命令	功　　能
normrnd(u,v,m,n)	产生m行n列服从期望为u、方差为v^2的正态分布随机数
chi2rnd(k,m,n)	产生m行n列服从自由度为k的χ^2分布随机数
poissrnd(lambda,m,n)	产生m行n列参数为lambda的泊松分布随机数
binornd(N,p,m,n)	产生m行n列参数为N和p的二项分布随机数
unifrnd(A,B,m,n)	产生m行n列在区间$[A,B]$上的均匀分布（连续）随机数
unidrnd(N,m,n)	产生m行n列整数$1,2,\cdots,N$上的均匀分布（离散）随机数
random('name',p,m,n)	产生服从指定分布的随机数
trnd(N,m,n)	产生自由度为N的t分布随机数

表 10.3 概率密度、分布函数和反函数命令

分布	概率密度命令	分布函数命令	反函数命令
正态分布	normpdf(x,u,δ)	normcdf(x,u,δ)	norminv(x,u,δ)
二项分布	binopdf(x,n,p)	binocdf(x,n,p)	binoinv(x,n,p)
泊松分布	poisspdf(x,λ)	poisscdf(x,λ)	poissinv(x,λ)
指数分布	exppdf(x,u)	expcdf(x,u)	expinv(x,u)
均匀分布	unifpdf(x,a,b)	unifcdf(x,a,b)	unifinv(x,a,b)
T 分布	tpdf(p,n)	tcdf(p,n)	tinv(p,n)
卡方分布	chi2pdf(x,n)	chi2cdf(x,n)	chi2inv(x,n)
F 分布	fpdf(x,m,n)	fcdf(x,m,n)	finv(x,m,n)

表 10.4 通用函数的命令

通用函数的命令	功　能
pdf('name',x,p)	计算指定为name分布的概率密度,x为随机变量取值,p为分布参数
cdf('name',x,p)	计算指定为name的分布函数,x为随机变量取值,p为分布参数

表 10.5 随机变量的数字特征命令

随机变量的数字特征命令	功　能
mean(A,m)	矩阵A的均值,若$m=1$,按列计算;若$m=2$,按行计算
harmmean(A,m)	调和平均值,若$m=1$,按列计算;若$m=2$,按行计算
geomean(A,m)	几何平均值,若$m=1$,按列计算;若$m=2$,按行计算
median(A,m)	中位数(中值),若$m=1$,按列计算;若$m=2$,按行计算
range(A,m)	极差,若$m=1$,按列计算;若$m=2$,按行计算
var(x)	向量x的方差
var(A,1)	矩阵A中各列元素的方差构成的行向量
std(x)	标准差,是var(x)的算术平方根
[m,v]=normstat(u,δ)	返回正态分布的期望m,方差v
[m,v]=fstat(a,b)	返回F分布的期望m,方差v
cov(X,Y)	返回向量X和Y的协方差矩阵
cov(A,m)	返回矩阵A中各列向量的协方差矩阵,$m=0$或1
corrcoef(X,Y)	返回向量X和Y的相关系数
corrcoef(A)	返回矩阵A的各列向量之间的相关系数

示例演示

【例 10.1】 设随机变量X服从均值为6、标准差为2的正态分布,求

(1) $X=3,4,5,6,7,8,9$时的概率密度值。

(2) $X=3,4,5,6,7,8,9$时的分布函数值。

(3) 若$P\{X\leqslant x\}=0.345$,求x。

(4) 求标准正态分布的上0.05分位数。

解

```
s1=normpdf (3:9,6,2)
s2=normcdf(3:9,6,2)
s3=norminv(0.345,6,2)
s4=norminv(0.95,0,1)
```

运行结果

```
s1 = 0.0648   0.1210   0.1760   0.1995   0.1760   0.1210   0.0648
s2 = 0.0668   0.1587   0.3085   0.5000   0.6915   0.8413   0.9332
s3 = 5.2023
s4 = 1.6449
```

【例10.2】 分别计算服从正态分布$N(2,5^2)$的随机数,服从自由度为3的χ^2分布的随机数,服从正态分布$N(1,4)$的随机数,服从$F(1,2)$分布的随机数。

解

```
s1=normrnd(2,5,2,3)
s2=chi2rnd(3,2)
s3=random('norm',1,2,3,4)
s4=random('F',1,2,3,4)
```

运行结果

```
s1 =
      -2.1568   -3.7820   -8.0132
      -2.8960   -0.6678    6.8211
s2 =
      2.2903    2.0572
      0.9989    6.6394
s3 =
      0.5505    -0.6959    4.3110    -0.7309
     -0.1781    -1.2403    1.6151     0.6469
      0.4125     6.0520   -1.5142     2.5828
s4 =
      0.0047    0.3587    0.9495    1.5534
      3.3333    5.4018    0.0741    0.6755
      0.1355    0.0881   10.0109    1.0012
```

【例10.3】 设随机变量X服从均值为2、标准差为3的正态分布。

(1) 在[−10,10]内,画出X的概率密度曲线。

(2) 在[−10,10]内,画出X的分布函数曲线。

解

```
x=-10:0.01:10;
```

```
y1=normpdf(x,2,3);
figure(1)
plot(x,y1)
title('正态分布的概率密度曲线')
y2=normcdf(x,2,3);
figure(2)
plot(x,y2)
title('正态分布的分布函数曲线')
```

运行结果

如图 10.1 所示。

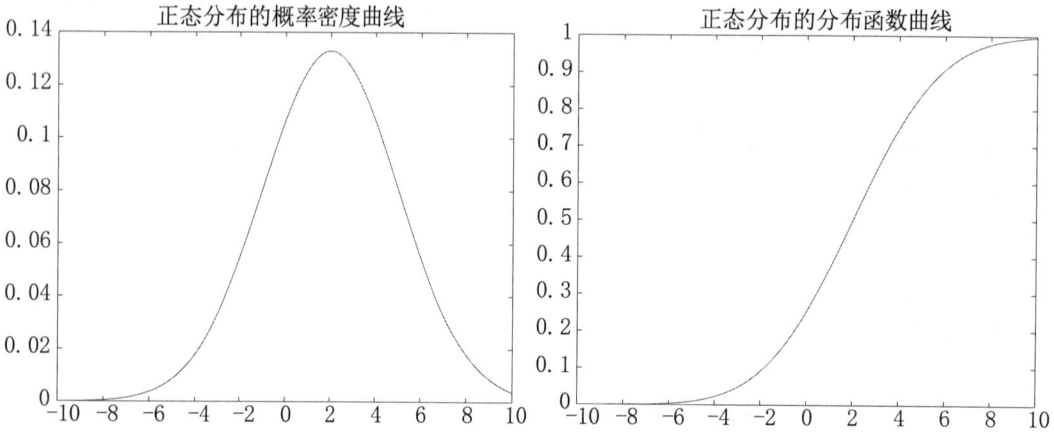

图 10.1 均值为 2、标准差为 3 的正态分布的概率密度曲线和分布函数曲线

【例 10.4】 已知样本数据:16 25 19 20 25 33 24 23 20 24 25 17 15 21 22 26 15 23 22 20 14 16 11 14 28 18 13 27 31 25 24 16 19 23 26 17 14 30 21 18 16 18 19 20 22 19 22 18 26 26 13 21 13 11 19 23 18 24 28 13 11 25 15 17 18 22 16 13 12 13 11 9 15 18 21 15 12 17 13 14 12 16 10 8 23 18 11 16 28 13 21 22 12 8 15 21 18 16 16 19 28 19 12 14 19 28 28 13 21 28 19 11 15 18 24 18 16 28 19 15 13 22 14 16 24 20 28 18 18 28 14 13 28 29 24 28 14 18 18 18 8 21 16 24 32 16 28 19 15 18 18 10 12 16 18 19 33 8 11 18 27 23 11 22 22 13 28 14 22 18 26 18 16 32 27 25 24 17 17 28 33 16 20 28 32 19 23 18 28 15 24 28 29 16 17 19 18。计算样本的均值、方差、中位数、极差,画出频率直方图,经验分布函数图。

解

```
a=[16 25 19 20 25 33 24 23 20 24 25 17 15 21 22 26 15 23 22 20......
   14 16 11 14 28 18 13 27 31 25 24 16 19 23 26 17 14 30 21 18......
   16 18 19 20 22 19 22 18 26 26 13 21 13 11 19 23 18 24 28 13......
   11 25 15 17 18 22 16 13 12 13 11  9 15 18 21 15 12 17 13 14......
   12 16 10  8 23 18 11 16 28 13 21 22 12  8 15 21 18 16 16 19......
   28 19 12 14 19 28 28 13 21 28 19 11 15 18 24 18 16 28 19 15......
   13 22 14 16 24 20 28 18 18 28 14 13 28 29 24 28 14 18 18 18......
```

```
  8 21 16 24 32 16 28 19 15 18 18 10 12 16 18 19 33  8 11 18......
  27 23 11 22 22 13 28 14 22 18 26 18 16 32 27 25 24 17 17 28......
  33 16 20 28 32 19 23 18 28 15 24 28 29 16 17 19 18];
E=mean(a)
D=var(a)
Mid=median(a)
Y=range(a)
x=10:2:40;
[m,n]=hist(a,x);
subplot(1,2,1)
bar(n,m/sum(m),1);
axis([5,40,0,0.2])
hold on
subplot(1,2,2)
cdfplot(a);
axis([10,40,0,1])
```

运行结果

如图 10.2 所示。

E=19.4416

D=34.1662

Mid=18

Y=25

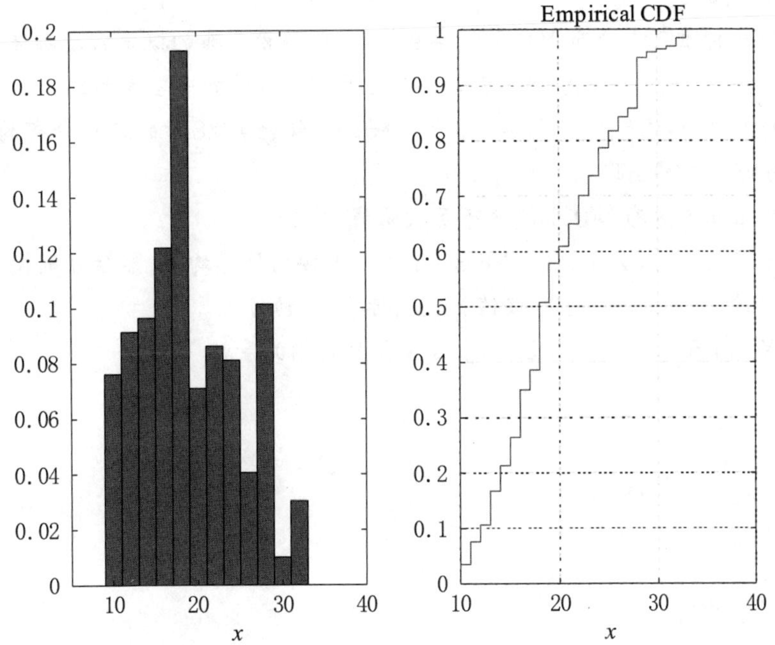

图 10.2　频率直方图和经验分布函数图

【例 10.5】 已知X=[8,9,1,9,6,1,3,5,10,10],Y=[2,10,10,5,8,1,4,9,8,10]和A=[5 3 0 −4;1 2 5 3;5 4 9 8],分别计算X和Y的协方差,矩阵A的协方差。

解

```
X=[8,9,1,9,6,1,3,5,10,10]
Y=[2,10,10,5,8,1,4,9,8,10]
c1=cov(X,Y)
A=[5 3 0 -4;1 2 5 3;5 4 9 8]
c2=cov(A)
```

运行结果

```
c1 =12.6222     3.5111
     3.5111    11.7889
c2 =5.3333      2.0000    -0.6667    -1.3333
     2.0000     1.0000     2.0000     2.5000
    -0.6667     2.0000    20.3333    27.1667
    -1.3333     2.5000    27.1667    36.3333
```

实验练习

1. 计算10!、组合数$C(100,98)$、排列数$P(10,6)$。

2. 1台电话总机每分钟收到呼唤的次数服从参数为4的泊松分布,求某1分钟恰有8次呼唤的概率;某1分钟的呼唤次数大于3的概率。

3. 分别计算服从正态分布$N(5,4)$的随机数,服从自由度为2的χ^2分布的随机数,服从$F(2,4)$分布的随机数。

4. 分别作出标准正态分布$N(0,1)$和参数$\lambda=2$的泊松分布的概率密度函数图像。

5. 在[0,15]内分别绘制自由度为1、3、5、8的卡方分布的概率密度曲线。

6. 分别绘制当$n=20,p=0.5$;$n=40,p=0.5$;$n=40,p=0.8$时的二项分布的概率密度函数的图像和分布函数的图像。

7. 作出标准正态分布$N(0,1)$的分布函数曲线。

8. 已知矩阵A = [1 2 3;3 3 6;4 6 8;4 7 7]。先按列计算均值,然后分别按行计算均值、调和平均值、几何平均值、中位数、极值、方差、标准差、协方差。

9. 已知X=[4 5 6],Y=[−4 5 −6],求X和Y的相关系数。

第2部分
基于LINGO的数学实验

实验11　LINGO软件的基本操作

实验目的

1. 了解LINGO的基本用法。
2. 会用LINGO求解简单的函数或代数运算。
3. 帮助学生在实验过程中获得经验、提升思维能力。

基本原理

LINGO是目前求解优化问题中使用较为广泛的一种专业优化软件，它在求解各种大型线性、非线性和整数规划方面具有明显的优势。LINGO运行速度快并且能有效地与EXCEL、数据库等其他软件交换数据，是解决优化问题的较佳选择之一。对于线性规划问题，LINGO可以采用内点法或单纯形法等方法进行求解，通常能得到全局的最优解。

11.1　LINGO的基本界面

LINGO打开后的典型窗口布局如图11.1所示，主要由菜单栏、工具栏和一个多任务窗口构成，工具栏上的功能按钮如图11.2所示。点击工具栏上的求解“”按钮，即可在弹出窗口中得到模型求解结果，具体的求解运行状态及求解报告解读如图11.3～图11.5所示。

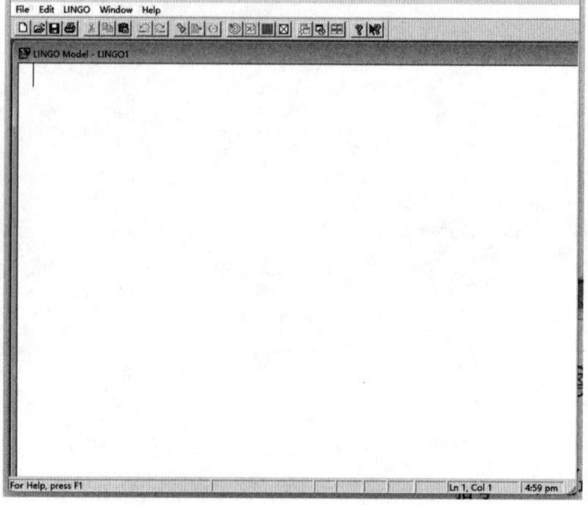

图11.1　LINGO窗口布局

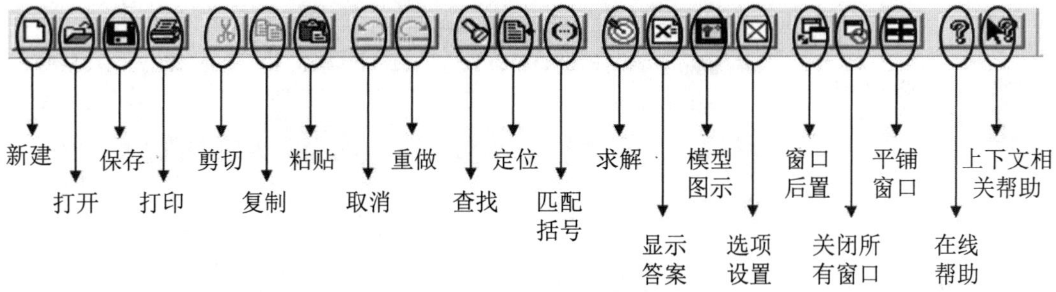

图11.2　LINGO工具栏

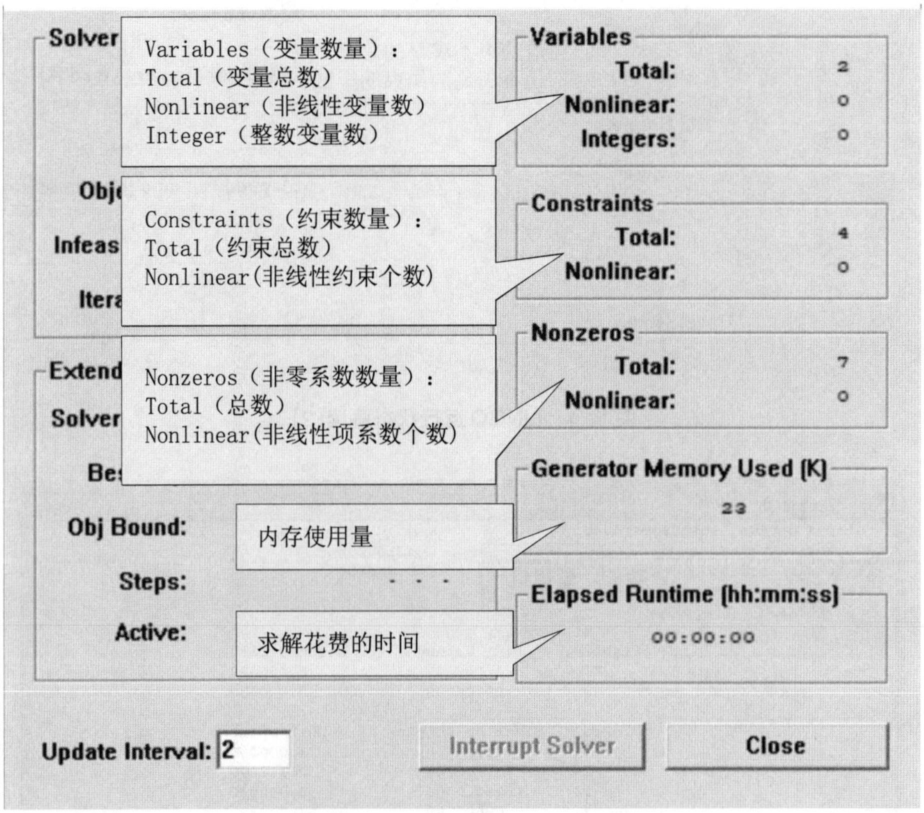

图11.3　LINGO运行状态解读(1)

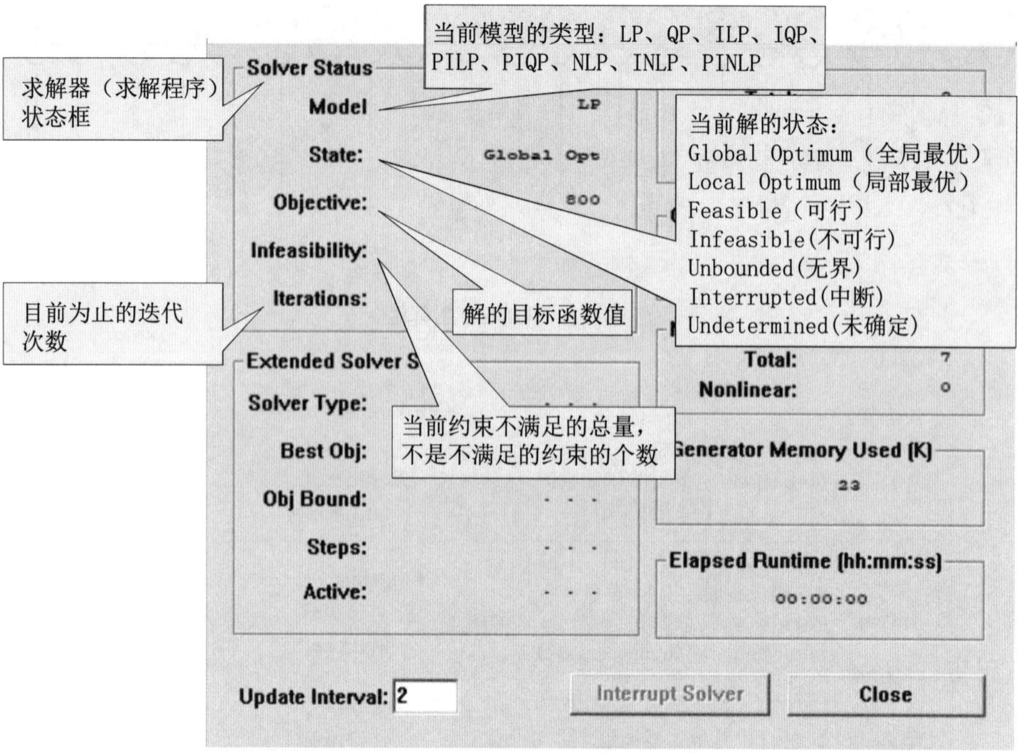

图11.4　LINGO运行状态解读(2)

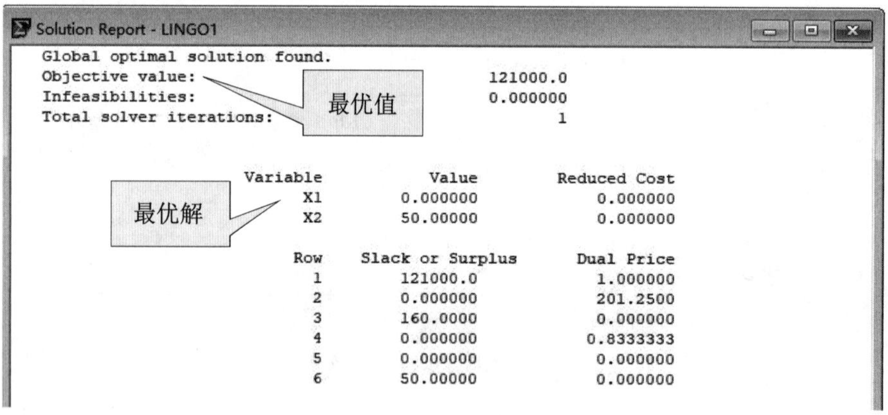

图11.5　LINGO求解报告

11.2　LINGO的基本用法

(1) LINGO的数学规划模型包含目标函数、决策变量、约束条件3个要素。

(2) 在LINGO程序中,每个语句都必须使用一个半角状态下的分号来表示结束,一个语句可以分几行输入。

(3) LINGO的注释以英文状态的“!”开始,以英文状态下的分号结束。

(4) LINGO的变量不区分字母的大小写,必须以字母开头,可以包含数字和下划线,不超过32个字符。

(5) LINGO程序中,只要定义好集合后,其他语句的顺序是任意的。

(6) LINGO中的函数以“@”开头。

(7) LINGO程序默认所有的变量都是非负的。

(8) LINGO程序中,“<”或“>”号与“≤” 或“≥” 号的功能相同。

11.3　LINGO 函 数

(1) 算术运算符。

LINGO中的算术运算符有5种,如表11.1所示。

表11.1　LINGO的算术运算符

乘方	乘法	除法	加法	减法或负号
^	*	/	+	−

(2) 逻辑运算符。

在LINGO中,逻辑运算符主要用于集循环函数的条件表达式中,控制在函数中哪些集成员被包含,哪些被排斥。LINGO具有9种逻辑运算符,如表11.2所示。

表11.2　逻辑运算符

分　类	运算符	理解	作　　用
两个数字之间	#eq#	equal	若两个运算数相等,则为 true;否则为 false
	#ne#	not equal	若两个运算符不相等,则为 true;否则为 false
	#gt#	great then	若左边的运算符严格大于右边的运算符,则为 true;否则为 false
	#ge#	great equal	若左边的运算符大于或等于右边的运算符,则为 true;否则为 false
	#lt#	less then	若左边的运算符严格小于右边的运算符,则为 true;否则为 false
	#le#	less equal	若左边的运算符小于或等于右边的运算符,则为 true;否则为 false
两个表达式之间	#not#	非门	否定该操作数的逻辑值
	#and#	与门	仅当两个参数都为 true 时,结果为true;否则为 false
	#or#	或门	仅当两个参数都为 false 时,结果为 false;否则为 true

(3) 数学函数。

LINGO提供了大量的标准数学函数,如表11.3所示。

表11.3　数学函数

类　别	函　数　名	返　　回　　值
三角函数	@sin(x)	返回 x 的正弦值,x 采用弧度制
	@cos(x)	返回 x 的余弦值

续表

类别	函数名	返回值
	@tan(x)	返回 x 的正切值
指数函数	@log(x)	返回 x 的自然对数
	@exp(x)	返回常数 e 的 x 次方
其他	@abs(x)	返回 x 的绝对值
	@sign(x)	当 $x \geqslant 0$ 时返回 1；当 $x < 0$ 时返回 0
	@floor(x)	返回 x 的整数部分。当 $x \geqslant 0$ 时，返回不超过 x 的最大整数；当 $x < 0$ 时，返回不低于 x 的最大整数
比较大小	@smax(x1,x2,…,xn)	返回 $x_1, x_2, \cdots, x_n$ 中的最大值
	@smin(x1,x2,…,xn)	返回 $x_1, x_2, \cdots, x_n$ 中的最小值

（4）变量界定函数。

LINGO 中的变量界定函数用于实现对变量取值范围的附加限制，具体如表 11.4 所示。

表 11.4　变量界定函数

函数	作用
@bin(x)	限制 x 为 0 或 1
@gin(x)	限制 x 为整数
@bnd(L,x,U)	限制 $L \leqslant x \leqslant U$
@free(x)	取消对变量 x 的默认下界为 0 的限制，即 x 可以取任意实数

在默认情况下，LINGO 规定变量是非负的，也就是说下界为 0，上界为 $+\infty$。@free 取消了默认下界为 0 的限制，使变量也可以取负值。@bnd 用于设定一个变量的上下界，也可以取消默认下界为 0 的约束。

示例演示

【例 11.1】 用 LINGO 求解方程组。

$$\begin{cases} 2x + 2y + 1 = 5 \\ 3x - 5y + 5 = 3 \end{cases}$$

解

编写 LINGO 程序如下：

```
model:
2*x+2*y+1=5;
3*x-5*y+5=3;
end
```

求得未知量的取值如下：

Variable	Value
X	1.000000
Y	1.000000

【例11.2】 用LINGO求解方程组。

$$\begin{cases} x^2+y^2+2x=103 \\ 2x+y=12 \\ x>0 \\ y>5 \end{cases}$$

解

编写LINGO程序如下：

```
model:
x^2 + y^2 + 2*x = 103;
2*x + y = 12;
x>0;
y>5;
end
```

求得未知量的取值如下：

Variable	Value
X	1.000000
Y	10.00000

【例11.3】 用LINGO表达分段函数：

$$y=\begin{cases} 4x, & 0\leqslant x\leqslant 500 \\ 500+3x, & 500<x\leqslant 1000 \\ 1500+2x, & x>1000 \end{cases}$$

解

编写LINGO程序如下：

```
model:
x = 1500; ! 给 x 一个随机的初值;
y = @if( x#le#500,4*x,@if( x#gt#1000,1500+2*x,500+3*x ));
end
```

求得函数的取值如下：

Variable	Value
X	1500.000
Y	4500.000

【例11.4】 利用LINGO求函数$z=(x+2)^2+(y-2)^2$的最小值。

解

编写LINGO程序如下：

```
model:
min=(x+2)^2+(y-2)^2;
@free(x);
```

@free(y);

end

求解结果如图11.6所示，其中最小值为0.5473E−25，即0.5473117×10^{-25}。

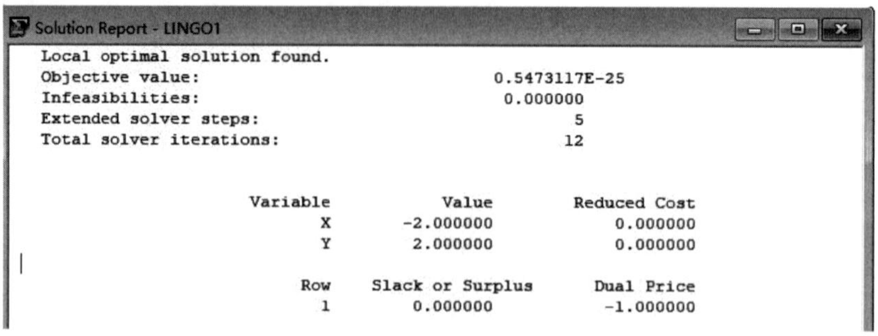

```
Solution Report - LINGO1
Local optimal solution found.
Objective value:                         0.5473117E-25
Infeasibilities:                          0.000000
Extended solver steps:                           5
Total solver iterations:                        12

              Variable           Value        Reduced Cost
                     X       -2.000000            0.000000
                     Y        2.000000            0.000000

                   Row    Slack or Surplus      Dual Price
                     1        0.000000           -1.000000
```

图11.6　求解结果

【例11.5】 利用LINGO求函数$y=2x$在(1,3)之间的最大值。

解

编写LINGO程序如下：

```
model:
@bnd(1,x,3);
max = 2*x;
end
```

可得最大值为6，此时x的取值如下所示：

Variable	Value	Reduced Cost
X	3.000000	−2.000000

【例11.6】 利用LINGO求$y=\sin(3.14159)+\log_2 1024+|-10|+e^0$。

解

编写LINGO程序如下：

```
model:
y = @sin(3.14159) + @log(1024) / @log(2) + @abs(−10) + @exp(0);
end
```

计算得出y的取值如下：

Variable	Value
Y	21.00000

实验练习

1. 利用LINGO求解方程组的所有实数解。

$$\begin{cases}x^2+y^2=1\\0.75x^3-y+0.9=0\end{cases}$$

2. 利用LINGO求解方程组的所有实数解。

$$\begin{cases} x^2+y^2=2 \\ 2x^2+x+y^2+y=4 \end{cases}$$

3. 利用LINGO表达分段函数$y=\begin{cases} x+10, & x\geqslant 0 \\ x-10, & x<0 \end{cases}$,并求出$x$为一系列数值时的结果。

4. 利用LINGO求解以下包含分段函数的最优化问题。

$$\max f(x)+g(y)$$
$$\text{s.t.}\ f(x)=\begin{cases} 100-2x, & x>25 \\ 2x, & x\leqslant 25 \end{cases}$$
$$g(y)=\begin{cases} 80-2y, & y>20 \\ 2y, & y\leqslant 20 \end{cases}$$
$$x+y\leqslant 160$$
$$x,y\geqslant 0$$

5. 利用LINGO求函数$f(x)=9x-0.02x^2+2x^3-1.5x^4+0.02x^5+5\sin x$在区间$(2,8)$内的极小值点和极小值。

6. 利用LINGO求函数$y=9x+2^x+2\sin x+\log_3 x$在$x=2$时的值。

7. 利用LINGO求解最优化问题。

$$\min z=(x_1-1)^2+(x_2-2)^2$$
$$\text{s.t.}\begin{cases} x_2-x_1=1 \\ x_1+x_2\leqslant 2 \\ x_1,x_2\geqslant 0 \end{cases}$$

实验12 线性规划实验

实验目的

1. 理解数学规划的概念。
2. 会用LINGO求解一般的线性规划问题。
3. 培养学生的创新意识、探索欲望和学习兴趣。

基本原理

12.1 数学规划

数学规划是运筹学的一个分支,用来研究:在给定的条件下(约束条件),如何按照某一衡量指标(目标函数)来寻求计划、管理工作中的最优方案;目标函数在一定约束条件下的极值问题。

数学规划模型的一般形式是:

$$\text{opt} \quad f(X)$$
$$\text{s.t.}\begin{cases} g_i(X)\leqslant 0, & i=1,2,\cdots,m \\ h_j(X)=0, & j=1,2,\cdots,s \end{cases}$$

式中,$X=(x_1,x_2,\cdots,x_n)^{\mathrm{T}}\in R^n$是$n$维未知向量,称为决策变量;$f(X)$称为目标函数;$g_i(X)$与$h_j(X)$称为约束函数。$f(X)$、$g_i(X)$与$h_j(X)$均为$X$的数量函数。符号opt表示对函数$f(X)$求最优化结果。如果要求$f(X)$最大,则opt $f(X)$记为max$f(X)$;如果要求$f(X)$最小,则opt $f(X)$记为min$f(X)$。符号s.t.为subject to的缩写,意思是受约束于或受限于m个不等式约束条件$g_i(X)\leqslant 0,i=1,2,\cdots,m$;以及$s$个等式约束条件$h_j(X)=0,j=1,2,\cdots,s$。满足约束条件$g_i(X)\leqslant 0,i=1,2,\cdots,m$和$h_j(X)=0,j=1,2,\cdots,s$的$n$维向量$X$称为可行解,可行解构成的集合称为模型的可行解集。因此,数学规划问题可以表述为:求满足约束条件的X^*,使$f(X^*)$成为最优,并将X^*称为数学规划问题的最优解,将$f^*=f(X^*)$称为最优值。

12.2 线性规划

当目标函数$f(X)$是线性函数，且约束条件是由线性等式函数和线性不等式函数确定的，我们称这一类问题为线性规划。线性规划模型的一般形式为：

$$\max(\text{或}\min)z=\sum_{j=1}^{n}c_j x_j$$

$$\text{s.t.}\begin{cases}\sum\limits_{j=1}^{n}a_{ij}x_j\leqslant(\text{或}=,\geqslant)b_i, & i=1,2,\cdots,m\\ x_j\geqslant 0, & j=1,2,\cdots,n\end{cases}$$

示例演示

【例12.1】 利用LINGO编程求解线性规划问题。

$$\max z=3220x_1+2420x_2$$

$$\text{s.t.}\begin{cases}16x_1+12x_2\leqslant 600\\ 15x_1+8x_2\leqslant 560\\ 6x_2\leqslant 300\\ x_1,x_2\geqslant 0\end{cases}$$

解

编写LINGO程序如下：

```
model:
max = 3220*x1+2420*x2; !目标函数;
!以下是约束条件;
16*x1 + 12*x2 <= 600;
15*x1 + 8*x2 <= 560;
          6*x2 <= 300;
!以下是LINGO系统默认条件,可以省略;
          x1 >= 0;
          x2 >= 0;
end
```

结果为全局最优解，函数值最大为121000.0，自变量的取值如下：

Variable	Value	Reduced cost
X1	0.000000	0.000000
X2	50.000000	0.000000

【例12.2】 利用LINGO编程求解线性规划问题。

$$\min z=6x_1+3x_2+4x_3$$

$$\text{s.t.}\begin{cases}x_1+2x_2-3x_3\leqslant 80\\x_1+x_2+x_3=120\\x_1\geqslant 30\\0\leqslant x_2\leqslant 50\\x_3\geqslant 20\end{cases}$$

解

编写LINGO程序如下：

```
model:
min=6*x1+3*x2+4*x3;
x1+2*x2-3*x2<=80;
x1+x2+x3=120;
x1>=30;
@bnd(0,x2,50);
x3>=20;
end
```

结果为全局最优解，最小值为 490.0000，决策变量的取值如下：

Variable	Value	Reduced Cost
X1	30.00000	0.000000
X2	50.00000	−1.000000
X3	40.00000	0.000000

【例 12.3】 某车间有甲、乙两台机床，可用于加工3种工件。假定这两台车床的可用台时数分别为800和900，3种工件的数量分别为400、600和500，已知用3种不同车床加工单位数量不同工件所需的台时数和加工费用如表12.1所示。问怎样分配车床的加工任务，才能既满足加工工件的要求，又使加工费用最低？

表 12.1 车床加工台时数和加工费用

车床类型	单位工件所需加工台时数			单位工件的加工费用(元)			可用台时数
	工件1	工件2	工件3	工件1	工件2	工件3	
甲	0.4	1.1	1.0	13	9	10	800
乙	0.5	1.2	1.3	11	12	8	900

解

设在甲车床上加工工件1、2、3的数量分别为x_1、x_2、x_3，在乙车床上加工工件1、2、3的数量分别为x_4、x_5、x_6。可建立以下线性规划模型：

$$\min z=13x_1+9x_2+10x_3+11x_4+12x_5+8x_6$$

$$\text{s.t.}\begin{cases}x_1+x_4=400\\x_2+x_5=600\\x_3+x_6=500\\0.4x_1+1.1x_2+x_3\leqslant 800\\0.5x_4+1.2x_3+1.3x_6\leqslant 900\\x_i\geqslant 0,\quad i=1,2,\cdots,6\end{cases}$$

根据线性规划模型，编写LINGO程序如下：

```
model:
min=13*x1+9*x2+10*x3+11*x4+12*x5+8*x6;
x1+x4=400;
x2+x5=600;
x3+x6=500;
0.4*x1+1.1*x2+x3<=800;
0.5*x4+1.2*x3+1.3*x6<=900;
end
```

结果为全局最优解，费用最低为13800.00元，决策变量的取值如下：

Variable	Value	Reduced Cost
X1	0.000000	2.000000
X2	600.0000	0.000000
X3	0.000000	2.000000
X4	400.0000	0.000000
X5	0.000000	3.000000
X6	500.0000	0.000000

实验练习

1. 利用LINGO求解以下线性规划问题。

(1) $\min z=40x_1+36x_2$

$$\text{s.t.}\begin{cases}5x_1+3x_2\geqslant 45\\ x_1\leqslant 9\\ x_2\leqslant 15\\ x_1,x_2\geqslant 0\end{cases}$$

(2) $\max z=4x_1+9x_2$

$$\text{s.t.}\begin{cases}x_1-x_2\geqslant -2\\ x_1-2x_2\leqslant -2\\ 3x_1+2x_2\leqslant 14\\ x_1,x_2\geqslant 0\end{cases}$$

(3) $\max\ z=2x_1+3x_2-5x_3$

$$\text{s.t.}\begin{cases}x_1+x_2+x_3=7\\ 2x_1-5x_2+x_3\geqslant 10\\ x_1+3x_2+x_3\leqslant 12\\ x_1,x_2,x_3\geqslant 0\end{cases}$$

(4) $\min f=-3x_1+x_2+x_3$

$$\text{s.t.}\begin{cases}2x_1-x_3=-1\\ x_1-2x_2+x_3\leqslant 11\\ 4x_1-x_2-2x_3\leqslant -3\\ x_i\geqslant 0,\quad i=1,2,3\end{cases}$$

(5) $\max z=150x_1+210x_2$

$$\text{s.t.}\begin{cases}2x_1+3x_2\leqslant 100\\ 3x_1+4x_2\leqslant 120\\ 5x_1+5x_2\leqslant 150\\ x_1,x_2\geqslant 0\end{cases}$$

(6) $\min z=-5x_1-4x_2-6x_3$

$$\text{s.t.}\begin{cases}x_1-x_2+x_3\leqslant 20\\ 3x_1+2x_2+4x_3\leqslant 42\\ 3x_1+2x_2\leqslant 30\\ x_1,x_2,x_3\geqslant 0\end{cases}$$

2. 有两个建材厂C_1和C_2，每年沙石的产量分别为35万吨和55万吨。这些沙石需要供应到W_1、W_2和W_3三个建筑工地,每个建筑工地对沙石的需求量分别为26万吨、38万吨和26万吨。各建材厂到建筑工地的运费(万元/万吨)如表12.2所示,应怎样调运才能使得总运费最少?

表12.2 各建材厂到建筑工地的运费

工 厂	工 地		
	W_1	W_2	W_3
C_1	10	12	9
C_2	8	11	13

3. 某饲养场有5种饲料,已知每种饲料的单位价格和每百千克饲料的蛋白质、矿物质、维生素含量如表12.3所示,又知该饲养场每日至少需蛋白质70单位、矿物质3单位、维生素10毫单位。问如何混合调配这5种饲料,才能使总成本最低?

表12.3 饲料的成分和单价

饲料种类	成 分			饲料单价(元)
	蛋白质(单位)	矿物质(单位)	维生素(毫单位)	
1	0.3	0.1	0.05	2
2	2.2	0.05	0.1	7
3	1	0.02	0.02	4
4	0.06	0.2	0.2	3
5	1.8	0.05	0.08	5

4. 某农场Ⅰ、Ⅱ、Ⅲ等耕地的面积分别为100 hm^2,300 hm^2和200 hm^2,计划种植水稻、大豆和玉米,要求三种作物的最低收获量分别为190000 kg、130000 kg和350000 kg。Ⅰ、Ⅱ、Ⅲ等耕地种植三种作物的单产如表12.4所示。三种作物的售价分别为水稻1.20元/kg、大豆1.50元/kg、玉米0.80元/kg。请问如何制订种植计划,才能使总产量最大?

表12.4 不同等级耕地种植不同作物时的单产

单位:kg/hm^2

作物	Ⅰ等耕地	Ⅱ等耕地	Ⅲ等耕地
水稻	11000	9500	9000
大豆	8000	6800	6000
玉米	14000	12000	10000

实验13　整数规划实验

实验目的

1. 掌握整数规划的基本理论和算法，了解整数规划在生产、管理、物流等领域的应用方法。

2. 学会使用LINGO求解一般的整数规划问题。

3. 通过实际操作，提高学生解决复杂问题的能力，培养学生创新思维和解决问题的能力。

基本原理

在线性规划问题中，有些最优解可能是分数或小数，但对于某些具体问题，常要求某些变量的解必须是整数。例如，当变量代表的是机器的台数、工作的人数或装货的车数等。为了满足整数的要求，初看起来似乎只要把已得的非整数解舍入化整就可以了。实际上化整后的解不见得是可行解和最优解，所以应该有特殊的方法来求解整数规划。在整数规划中，如果所有变量都被限制为整数，则称为纯整数规划；如果仅一部分变量被限制为整数，则称为混合整数规划。整数规划的解法主要有分枝定界解法和割平面解法。

一般地，整数规划模型可表示为：

$$\max(\text{或}\min) z=\sum_{j=1}^{n} c_j x_j$$

$$\text{s.t.}\begin{cases}\sum_{j=1}^{n} a_{ij} x_j \leqslant (\text{或}=,\geqslant) b_i, & i=1,2,\cdots,m \\ x_j \geqslant 0, & j=1,2,\cdots,n \\ x_1,x_2,\cdots,x_n \text{ 中部分或全部取整数} & \end{cases}$$

示例演示

【例13.1】　利用LINGO编程求解整数规划问题。

$$\max z=x_1+2x_2$$

$$\text{s.t.}\begin{cases}2x_1+5x_2\geqslant 12\\x_1+2x_2\leqslant 8\\0\leqslant x_2\leqslant 10\\x_1,x_2\text{为整数}\end{cases}$$

解

编写LINGO程序如下：

```
model:
max=x1+2*x2;
2*x1+5*x2>=12;
x1+2*x2<=8;
@bnd(0,x2,10);
@gin(x1);
@gin(x2);
end
```

结果为全局最优解，最大值为 8.000000，自变量的取值如下：

Variable	Value	Reduced Cost
X1	0.000000	−1.000000
X2	4.000000	−2.000000

【例 13.2】 某服务部门各时段需要的服务员人数如表 13.1 所示。按规定，服务员连续工作 8 小时(即 4 个时段)为一班，现要求安排服务员的工作时间，使服务部门的服务员总数最少。

表 13.1 服务员人数

时段	1	2	3	4	5	6	7	8
服务员最少数目	10	8	9	11	13	8	5	3

解

设在第 j 时段开始上班的服务员人数为 x_j，由于第 j 时段开始上班的服务员将在第 $j+3$ 时段结束时下班，故决策变量只需考虑 x_1、x_2、x_3、x_4、x_5，此问题的整数规划模型如下：

$$\min Z=x_1+x_2+x_3+x_4+x_5$$

$$\text{s.t.}\begin{cases}x_1\geqslant 10\\x_1+x_2\geqslant 8\\x_1+x_2+x_3\geqslant 9\\x_1+x_2+x_3+x_4\geqslant 11\\x_2+x_3+x_4+x_5\geqslant 13\\x_3+x_4+x_5\geqslant 8\\x_4+x_5\geqslant 5\\x_5\geqslant 3\\x_1,x_2,x_3,x_4,x_5\geqslant 0\text{且为整数}\end{cases}$$

根据整数规划模型，编写LINGO程序如下：

```
model:
min=x1+x2+x3+x4+x5;
x1>=10;
x1+x2>=8;
x1+x2+x3+x4>=11;
x2+x3+x4+x5>=13;
x3+x4+x5>=8;
x4+x5>=5;
x5>=3;
@gin(x1);
@gin(x2);
@gin(x3);
@gin(x4);
@gin(x5);
end
```

结果为全局最优解，服务部门服务员总数最少为23人，决策变量的取值如下：

Variable	Value	Reduced Cost
X1	10.00000	1.000000
X2	0.000000	1.000000
X3	5.000000	1.000000
X4	5.000000	1.000000
X5	3.000000	1.000000

实验练习

1. 利用LINGO求解以下整数规划问题。

(1) $\max Z=20x_1+14x_2+16x_3+36x_4+32x_5+30x_6$

$$\text{s.t.}\begin{cases}0.01x_1+0.01x_2+0.01x_3+0.03x_4+0.03x_5+0.03x_6\leqslant 850\\0.02x_1+0.05x_4\leqslant 700\\0.02x_2+0.05x_5\leqslant 100\\0.03x_3+0.08x_6\leqslant 900\\x_i\geqslant 0\text{且为整数},\quad i=1,\cdots,6\end{cases}$$

(2) $\min Z=20x_1-14x_2-16x_3-36x_4-32x_5-30x_6$

$$\text{s.t.}\begin{cases}0.01x_1+0.01x_2+0.01x_3+0.03x_4+0.03x_5+0.03x_6+x_7=850\\0.02x_1+0.05x_4+x_8=700\\0.02x_2+0.05x_5+x_9=100\\0.03x_3+0.08x_6+x_{10}=900\\x_i\geqslant 0\text{且为整数},\quad i=1,\cdots,10\end{cases}$$

(3) $\min Z=200(x_1+x_2+x_3+x_4+x_5+x_6+x_7)$

$$\text{s.t.}\begin{cases}x_1+x_2+x_3+x_4+x_5\geqslant 12\\x_2+x_3+x_4+x_5+x_6\geqslant 18\\x_3+x_4+x_5+x_6+x_7\geqslant 15\\x_4+x_5+x_6+x_7+x_1\geqslant 12\\x_5+x_6+x_7+x_1+x_2\geqslant 16\\x_6+x_7+x_1+x_2+x_3\geqslant 19\\x_7+x_1+x_2+x_3+x_4\geqslant 14\\x_i\text{为整数},\quad i=1,\cdots,7\end{cases}$$

2. 某学校数学专业某班有男同学30人、女同学20人,准备星期天去植树。根据经验,一天中,男同学平均每人挖坑20个,或栽树30棵,或给25棵树浇水;女同学平均每人挖坑10个,或栽树20棵,或给15棵树浇水。问应怎样安排,才能使植树(包括挖坑、栽树、浇水)最多。试建立该问题的数学模型并求其解。

3. 已知某工厂是一个拥有4个车间的玩具生产厂商,该厂商今年新设计出A、B、C、D、E、F 6种玩具模型,根据以前的生产情况及市场调查预测,生产每单位产品所需的工时、每个车间在一季度的工时上限和产品的预测价格如表13.2所示。问:每种设计产品在这个季度应该生产多少,才能使该工厂这个季度的生产总值达到最大?

表13.2 产品所需的工时及预测价格

产品车间	A	B	C	D	E	F	每个车间每季度工时上限
甲	0.01	0.01	0.01	0.03	0.03	0.03	850
乙	0.02			0.05			700
丙		0.02			0.05		100
丁			0.03			0.08	900
单价(元)	20	14	16	36	32	30	

4. 某公司计划建筑两种类型的宿舍。甲种每幢占地$2.5\times10^2\ \mathrm{m}^2$,乙种每幢占地$4\times10^2\ \mathrm{m}^2$。该公司拥有土地$3\times10^3\ \mathrm{m}^2$。计划甲种宿舍不超过8幢,乙种宿舍不超过4幢,甲种宿舍每幢利润为10万元,乙种宿舍每幢利润为20万元。问:在甲、乙两种类型宿舍各建多少幢时能使该公司获利最大?

5. 某运输公司接受了向地震灾区每天至少送180吨支援物资的任务。该公司有8辆载重为6吨的A型卡车与4辆载重为10吨的B型卡车,有10名驾驶员。每辆卡车每天往返的次数为A型卡车4次,B型卡车3次。每辆卡车每天往返的成本费A型车为320元,B型车为400元,请为该公司调配一下车辆,使公司花费的运输成本最低。

实验14　0-1规划实验

实验目的

1. 理解0-1规划的概念。
2. 会用LINGO求解一般的0-1规划问题。
3. 培养学生利用计算机解决实际问题的综合能力。

基本原理

14.1　0-1型整数规划模型概述

在整数规划问题中,0-1型整数规划则是其中较为特殊的一类情况,其数学模型的目标函数、约束条件与线性规划相同,不同的是它要求决策变量的取值仅为0或1。0-1型整数规划应用很广,如土木工程系统的最优工程配置问题,城建规划中的居民点、给水点、加油站和商业网点的最优布局问题等,均可应用0-1型整数规划求得最优解。0-1型整数规划的数学模型如下:

$$\max(\text{或}\min)z=\sum_{j=1}^{n}c_j x_j$$

$$\text{约束条件:s.t.}\begin{cases}\sum\limits_{j=1}^{n}a_{ij}x_j\leqslant(\text{或}=,\geqslant)b_i, & i=1,2,\cdots,n\\ x_j=0\text{或}1, & j=1,2,\cdots,n\end{cases}$$

14.2　决策问题与0-1变量

决策变量x_i表示是否做第i件事$i=1,2,\cdots,n$。

$$x_i=\begin{cases}1 & \text{做第}i\text{件事}\\ 0 & \text{不做第}i\text{件事}\end{cases}$$

n件事中必须做k件,并只做k件事$\Leftrightarrow x_1+x_2+\cdots+x_k=k$;

n件事中最多做k件事$\Leftrightarrow x_1+x_2+\cdots+x_k\leqslant k$;

n件事中至少做k件事$\Leftrightarrow x_1+x_2+\cdots+x_k\geqslant k$;

做第i件事的充要条件是做第j件事$\Leftrightarrow x_i=x_j$;

做第i件事的充要条件是不做第j件事$\Leftrightarrow x_i=1-x_j$;

只有做第i件事的前提下才考虑是否做第j件事$\Leftrightarrow x_j\leqslant x_i$。

示例演示

【例 14.1】 利用LINGO编程求解0-1规划问题。

$$\min Z=x_1+x_2+x_3+x_4+x_5+x_6$$

$$\text{s.t.}\begin{cases}x_1+x_2\geqslant 1\\ x_1+x_2+x_6\geqslant 1\\ x_3+x_4\geqslant 1\\ x_3+x_4+x_5\geqslant 1\\ x_2+x_5+x_6\geqslant 1\\ x_i=0\text{或}1,\quad i=1,2,\cdots,6\end{cases}$$

解

编写LINGO程序如下：

```
model:
min=x1+x2+x3+x4+x5+x6;
x1+x2>=1;
x1+x2+x6>=1;
x3+x4>=1;
x3+x4+x5>=1;
x2+x4+x6>=1;
@bin(x1);
@bin(x2);
@bin(x3);
@bin(x4);
@bin(x5);
@bin(x6);
end
```

结果为全局最优解，最小值为 2.000000，自变量的取值如下：

Variable	Value	Reduced Cost
X1	0.000000	1.000000
X2	1.000000	1.000000
X3	0.000000	1.000000
X4	1.000000	1.000000

```
X5      0.000000      1.000000
X6      0.000000      1.000000
```

【例14.2】 某公司有5个项目列入投资计划,各项目的投资额和期望投资收益如表14.1所示。

表14.1　项目投资额和期望投资收益

单位:万元

项目	1	2	3	4	5
投资额	210	300	150	130	160
投资收益	160	210	60	80	180

该公司只有600万元可用于投资,由于技术上的原因,投资受到以下约束:

(1) 在项目1、2和3中必须只有一项被选中。

(2) 在项目3和4中只能选中一项。

(3) 项目5被选中的前提是项目1被选中。

如何在满足上述条件下,选择一个最好的投资方案,使得投资收益最大。

解

设 $x_i=\begin{cases}1, & \text{项目}i\text{被选中}\\ 0, & \text{项目}i\text{没有被选中}\end{cases}$ $(i=1,2,3,4,5)$,根据以上约束条件,建立如下0-1整数规划模型:

$$\max z=160x_1+210x_2+60x_3+80x_4+180x_5$$

$$\text{s.t.}\begin{cases}210x_1+300x_2+150x_3+130x_4+260x_5\leqslant 600\\ x_1+x_2+x_3=1\\ x_3+x_4=1\\ x_5\leqslant x_1\\ x_i=0\text{或}1, \quad i=1,2,3,4,5\end{cases}$$

根据0-1整数规划模型,编写LINGO程序如下:

```
model:
max=160*x1+210*x2+60*x3+80*x4+180*x5;
!该公司只有600万元可用于投资;
210*x1+300*x2+150*x3+130*x4+260*x5<=600;
!在项目1、2和3中必须只有一项被选中;
x1+x2+x3=1;
!在项目3和4中只能选中一项;
x3+x4=1;
! 项目5被选中的前提是项目1被选中;
x5<=x1;
@bin(x1);
@bin(x2);
@bin(x3);
```

```
@bin(x4);
@bin(x5);
end
```

结果为全局最优解,投资收益最大为420万元,决策变量的取值如下:

Variable	Value	Reduced Cost
X1	1.000000	−160.0000
X2	0.000000	−210.0000
X3	0.000000	−60.00000
X4	1.000000	−80.00000
X5	1.000000	−180.0000

所以投资方案为投资项目1、4和5,不投资项目2和3。

实验练习

1. 利用LINGO求解以下0-1规划问题。

(1) $\min\ Z=4x_1+3x_2+2x_3$

$$\text{s.t}\begin{cases}2x_1-5x_2+3x_3\leqslant 4\\4x_1+x_2+3x_3\geqslant 3\\x_2+x_3\geqslant 1\\x_i=0\text{或}1,\quad i=1,2,3\end{cases}$$

(2) $\max f=20x_1+6x_2+8x_3+9x_4$

$$\text{s.t.}\begin{cases}10x_1+6x_2+5x_3+2x_4\leqslant 19\\7x_1+2x_2+2x_3+4x_4\leqslant 11\\2x_1+x_2+x_3+10x_4\leqslant 12\\x_4\leqslant x_2+x_3\\x_i=0\text{或}1,\quad i=1,2,3,4\end{cases}$$

(3) $\min z=\sum\limits_{i=1}^{10}x_i$

$$\text{s.t.}\begin{cases}85x_2+50x_3+50x_4+70x_5+50x_7+40x_8\geqslant 98\\50x_1+30x_2+24x_3+45x_4+40x_5+40x_6+40x_8\geqslant 64\\30x_1+35x_2+30x_6+30x_7+60x_9+100x_{10}\geqslant 21\\85x_2+77x_3+50x_4+70x_5+40x_6+90x_7+40x_8\geqslant 238\\80x_1+30x_2+24x_3+45x_4+40x_5+70x_6+85x_8\geqslant 145\\50x_1+35x_2+30x_6+30x_7+120x_9+100x_{10}\geqslant 72\\x_i=0\text{或}1,\quad i=1,2,\cdots,10\end{cases}$$

(4) $\max z=300x_1+90x_2+400x_3+150x_4$

$$\text{s.t.}\begin{cases}35000x_1+10000x_2+25000x_3+90000x_4\leqslant 120000\\4x_1+2x_2+7x_3+3x_4\leqslant 12\\x_1+x_2\leqslant 1\\x_1,x_2,x_3,x_4=0\text{ 或 }1\end{cases}$$

2. 某学校规定,运筹学专业的学生毕业时必须至少学习过两门数学课、三门运筹学课和两门计算机课,相关信息如表14.2所示。

(1) 毕业时学生最少学习了这些课程中的哪些课程。

(2) 如果某个学生既希望选修课程的数量少，又希望所获得的学分多，他可以选修哪些课。

表14.2　课程情况

课程编号	课程名称	学　分	所属类别	选修课要求
1	微积分	5	数学	
2	线性代数	4	数学	
3	最优化方法	4	数学、运筹学	微积分、线性代数
4	数据结构	3	数学、计算机	计算机编程
5	应用统计	4	数学、运筹学	微积分、线性代数
6	计算机模拟	3	计算机、运筹学	计算机编程
7	计算机编程	2	计算机	
8	预测理论	2	运筹学	应用统计
9	数学实验	3	运筹学、计算机	微积分、线性代数

3. 一登山队员做登山准备，他需要携带的物品有：食品、氧气、冰镐、绳索、帐篷、照相机和通信设备。每种物品的重要系数和重量如表14.3所示，假定登山队员可携带的最大重量为25 kg。请问该如何抉择所携带的物品，使得物品重要系数最大。

表14.3　物品重要系数和重量

序号	1	2	3	4	5	6	7
物品	食品	氧气	冰镐	绳索	帐篷	照相机	通信设备
重量(kg)	5	5	2	6	12	2	4
重要系数	20	15	18	14	8	4	10

4. 在高校篮球联赛中，某校男子篮球队要从8名队员中选择平均身高最高的出场阵容，队员的号码、身高和擅长的位置如表14.4所示。要求出场阵容满足以下条件：

(1) 中锋最多只能上场一名。

(2) 至少有一名后卫。

(3) 如果1号队员和4号队员都上场，则6号队员不能出场。

(4) 2号队员和6号队员必须保留一个不出场。

请问选择哪5名队员上场，才能使出场队员平均身高最高。

表14.4　队员身高和位置

队员的号码	身高(m)	位　置
1	1.92	中峰
2	1.90	中峰
3	1.88	前峰
4	1.86	前峰
5	1.85	前峰
6	1.83	后卫
7	1.80	后卫
8	1.78	后卫

实验15 LINGO中集合运算实验

实验目的

1. 熟练地掌握LINGO中集合运算的基本语法和操作方法。
2. 通过实践操作,了解LINGO中集合运算在优化建模和求解中的应用。
3. 培养良好的科学素养和团队协作精神,提高解决问题的能力和创新能力。

基本原理

LINGO编程语言的核心优势在于其创新性地引入了集合(SET)概念。集合是一组相关对象构成的组合,代表模型中的实际事物,并与数学变量及常量联系起来,是实际问题到数学的抽象。借助集合,能够用一个单一的、长的、简明的复合公式表示一系列相似的约束,从而可以快速方便地表达规模较大的模型。

15.1 初始集合

每个集合在使用之前需要预先给出定义,定义集合时要明确三方面内容:集合的名称、集合内的成员(组成集合的个体,也称元素)、集合的属性(与该集合有关的变量或常量,相当于数组)。初始集合的语法规则如下:

sets:
集合名称1/成员列表1/:属性1_1,属性1_2,…,属性1_n_1;
集合名称2/成员列表2/:属性2_1,属性2_2,…,属性2_n_2;
endsets

例如,

```
sets:
factory /1..6/ : a,b;
endsets
```

其中,factory是集合的名称;1..6是集合内的成员,“..”是特定的省略号(如果不用该省略号,也可以把成员一一罗列出来,成员之间用逗号或空格分开),1..6表明该集合有6个成员;a,b是集合的属性,可以视其为一维数组,有6个分量。

集合、成员、属性的命名规则与变量命名规则相同,可按自己的意愿,用有一定意义的字母数字串来表示,式中“/” 和“/:”是规定的语法规则。

15.2　集合的赋值

集合的赋值的语法如下:

```
data:
属性 1=数据列表;
属性 2=数据列表;
enddata
```

例如,

```
sets:
factory /1..6/: a,b;
plant /1..3/: c,x;
endsets
data:
a = 1,2,3,4,5,6;
b = 6.0,5.0,4.0,3.0,2.0,1.0;
c = 10,20,30;
enddata
```

注意:

(1) 不是每个集合都要赋值。

(2) 需要赋值的集合必须赋满。

(3) 可以给集合赋整数,也可以赋小数。

(4) LINGO不是一行一行读代码的,所以用data和enddata分别表示矩阵赋值的起止。

15.3　派生集合

派生集合语法规则如下:

```
sets:
集合名称1/成员列表1/:属性1_1,属性1_2,…,属性1_n1;
集合名称2/成员列表2/:属性2_1,属性2_2,…,属性2_n2;
派生集合名称(集合名称1,集合名称2):属性3_1,…,属性3_n3;
endsets
```

例如,

```
sets:
factory /1..6/ : a;
plant /1..8/ : d;
Cooperation(factory,plant) : c,x;
endsets
```

集合Cooperation以初始集合factory和plant为基础,称为派生集合,c和x是该衍生集合的两个属性。衍生集合的定义语法由如下要素组成:

(1) 集合的名称。

(2) 对应的初始集合。

(3) 集合的成员(可以省略不写)。

(4) 集合的属性(可以没有)。

定义派生集合时可以用罗列的方式将派生集合的成员一一列出,如果省略不写,则默认派生集合的成员取其对应初始集合的所有可能的组合,上述衍生集合Cooperation的定义中没有指明成员,而其对应的初始集合factory有6个成员,plant有8个成员,因此Cooperation成员取factory和plant的所有可能组合,即集合Cooperation有48个成员,48个成员可以排列成一个矩阵,其行数与集合factory的成员个数相等,指定表列数与集合plant的成员个数相等。相应地,集合Cooperation的属性c和x都相当于二维数组,各有48个分量。

15.4 集合循环函数

集合循环函数如表15.1所示。

表15.1 集合循环函数

函数名	作　　用
@for	该函数用来产生对集成员的约束
@sum	该函数返回遍历指定的集成员的一个表达式的和
@min	返回指定的集成员的一个表达式的最小值
@max	返回指定的集成员的一个表达式的最大值
@prod	返回指定的集成员的积

示例演示

【例15.1】 已知模型如下,其中$a_i=i(i=1,2,3,4,5,6)$,请编程求解。

$$\max S$$

$$\text{s.t.}\begin{cases} S=a_i x_i, \quad i=1,2,\cdots,6 \\ \sum_{i=1}^{6} x_i = 5000 \end{cases}$$

解

编写LINGO程序如下：

```
model:
sets:
gc/1..6/:a,x; !集合;
endsets
data:
a=1,2,3,4,5,6; !数据段;
enddata
max=s; !目标函数;
!以下是约束条件;
@for(gc(i):a(i)*x(i)=s);
@sum(gc(i):x(i))=5000;
end
```

运行得到结果，全局最优解为2040.816，自变量的取值如下：

Variable	Value	Reduced Cost
X(1)	2040.816	0.000000
X(2)	1020.408	0.000000
X(3)	680.2721	0.000000
X(4)	510.2041	0.000000
X(5)	408.1633	0.000000
X(6)	340.1361	0.000000

【例15.2】　已知$a=[2,9,3,8,10,6,4,10]$以及$b=[1,3,4,3,3,1,5,10]$，求解以下规划问题。

$$\max z=\sum_{i=1}^{8}a_i x_i$$

$$\text{s.t.}\begin{cases}\sum_{i=1}^{8}b_i x_i\leqslant 15\\ x_i=1\text{或}0,\quad i=1,2,\cdots,8\end{cases}$$

解

编写LINGO程序如下：

```
model:
sets:
factory / 1..8 /: a,b,x; !集合;
endsets
data:
a = 2,9,3,8,10,6,4,10;
b = 1,3,4,3,3,1,5,10; !数据段;
```

```
enddata
max = @sum(factory : a*x ); !目标函数;
!以下是约束条件;
@sum(factory : b*x ) < 15;
@for( factory : @bin(x) );
end
```

运行得到结果,全局最优解为38,自变量的取值如下:

Variable	Value	Reduced Cost
X(1)	1.000000	−2.000000
X(2)	1.000000	−9.000000
X(3)	1.000000	−3.000000
X(4)	1.000000	−8.000000
X(5)	1.000000	−10.00000
X(6)	1.000000	−6.000000
X(7)	0.000000	−4.000000
X(8)	0.000000	−10.00000

【例 15.3】 请编程求解以下模型

$$\min z=\sum_{i=1}^{6}\sum_{j=1}^{8}c_{ij}x_{ij}$$

$$\text{s.t.}\begin{cases}\sum\limits_{j=1}^{8}x_{ij}\leqslant a_i, & i=1,2,\cdots,6\\ \sum\limits_{i=1}^{6}x_{ij}=d_j, & j=1,2,\cdots,8\\ x_{ij}\geqslant 0, & i=1,2,\cdots,6,\quad j=1,2,\cdots,8\end{cases}$$

其中,$a=[60,55,51,43,41,52]$;$d=[35,37,22,32,41,32,43,38]$;

$$c=\begin{bmatrix}6,2,6,7,4,2,5,8\\4,9,5,3,8,5,8,2\\5,2,1,9,7,4,3,3\\7,6,7,3,9,2,7,1\\2,3,9,5,7,265\\5,5,2,2,8,14,3\end{bmatrix}$$

解

编写LINGO程序如下:

```
model:
sets:
factory /1..6/ : a;
plant /1..8/ : d;
Cooperation(factory,plant) : c,x; !集合;
```

```
endsets
data:
a=60,55,51,43,41,52;
d=35,37,22,32,41,32,43,38;
c=6,2,6,7,4,2,5,8
   4,9,5,3,8,5,8,2
   5,2,1,9,7,4,3,3
   7,6,7,3,9,2,7,1
   2,3,9,5,7,2,6,5
   5,5,2,2,8,1,4,3; !数据段;
enddata
min = @sum( Cooperation(i,j) : c(i,j)*x(i,j) ); !目标函数;
!以下是约束条件;
@for( factory(i): @sum(plant(j):x(i,j)) <= a(i) );
@for( plant(j): @sum(factory(i):x(i,j)) = d(j) );
end
```

运行得到结果,全局最优解为664,自变量的取值如下:

Variable	Value	Reduced Cost
X(1,1)	0.000000	5.000000
X(1,2)	19.00000	0.000000
X(1,3)	0.000000	5.000000
X(1,4)	0.000000	7.000000
X(1,5)	41.00000	0.000000
X(1,6)	0.000000	2.000000
X(1,7)	0.000000	2.000000
X(1,8)	0.000000	9.000000
X(2,1)	1.000000	0.000000
X(2,2)	0.000000	4.000000
X(2,3)	0.000000	1.000000
X(2,4)	32.00000	0.000000
X(2,5)	0.000000	1.000000
X(2,6)	0.000000	2.000000
X(2,7)	0.000000	2.000000
X(2,8)	0.000000	0.000000
X(3,1)	0.000000	4.000000
X(3,2)	11.00000	0.000000
X(3,3)	0.000000	0.000000

X(3,4)	0.000000	9.000000
X(3,5)	0.000000	3.000000
X(3,6)	0.000000	4.000000
X(3,7)	40.00000	0.000000
X(3,8)	0.000000	4.000000
X(4,1)	0.000000	4.000000
X(4,2)	0.000000	2.000000
X(4,3)	0.000000	4.000000
X(4,4)	0.000000	1.000000
X(4,5)	0.000000	3.000000
X(4,6)	5.000000	0.000000
X(4,7)	0.000000	2.000000
X(4,8)	38.00000	0.000000
X(5,1)	34.00000	0.000000
X(5,2)	7.000000	0.000000
X(5,3)	0.000000	7.000000
X(5,4)	0.000000	4.000000
X(5,5)	0.000000	2.000000
X(5,6)	0.000000	1.000000
X(5,7)	0.000000	2.000000
X(5,8)	0.000000	5.000000
X(6,1)	0.000000	3.000000
X(6,2)	0.000000	2.000000
X(6,3)	22.00000	0.000000
X(6,4)	0.000000	1.000000
X(6,5)	0.000000	3.000000
X(6,6)	27.00000	0.000000
X(6,7)	3.000000	0.000000
X(6,8)	0.000000	3.000000

实验练习

1. 利用LINGO中的集合求解下列线性规划模型。

(1) $\max Z=\sum_{i=1}^{7}x_i$

$$\text{s.t.}\begin{cases}x_1+2x_2+x_7\geqslant 100\\3x_3+2x_4+x_5+x_7\geqslant 100\\4x_1+x_2+2x_4+4x_5+6x_6+x_7\geqslant 100\\x_i\geqslant 0\text{且为整数},\quad i=1,2,\cdots,7\end{cases}$$

(2) $\max Z=\sum_{i=1}^{3}\sum_{j=1}^{7}c_{ij}x_{ij}$

$$\text{s.t.}\begin{cases}\sum_{j=1}^{7}x_{ij}\leqslant 1,\quad i=1,2,3\\\sum_{i=1}^{3}\sum_{j=1}^{7}b_jx_{ij}=7,\quad i=1,2,3;\quad j=1,2,\cdots,7\\x_{ij}=0,1,\quad i=1,2,3;\quad j=1,2,\cdots,7\end{cases}$$

c=5 15 40 80 90 95 100

5 15 40 60 70 73 75

4 26 40 45 50 51 53

b=1 2 3 4 5 6 7

(3) $\min Z=\sum_{i=1}^{6}\sum_{j=1}^{2}c_{ij}\sqrt{(p_j-x_i)^2+(q_j-y_i)^2}$

$$\text{s.t.}\begin{cases}\sum_{i=1}^{6}c_{ij}\leqslant g_j,\quad j=1,2\\\sum_{j=1}^{2}c_{ij}=d_i,\quad i=1,2,\cdots,6\end{cases}$$

x=1.25 8.75 0.5 5.75 3 7.25

y=1.25 0.75 4.75 5 6.5 7.75

d=3 5 4 7 6 11

p=5 2

q=1 7

g=20 20

(4) $\min Z=\sum_{i=1}^{5}\sum_{j=1}^{5}40(p_i+c_{ij}+p_j)\mathrm{x}_{ij}$

$$\text{s.t.}\begin{cases}\sum_{\substack{j=1\\i\neq j}}^{5}x_{ij}=s_i,\quad i=1,2,3,4,5\\\sum_{\substack{i=1\\i\neq j}}^{5}x_{ij}=s_j,\quad j=1,2,3,4,5\\x_{i,j}\text{为整数},\quad i,j=1,2,3,4,5\end{cases}$$

p=70 115 90 95 85

s=6 11 6 7 5

c=0 46 21 50 60

46 0 30 32 55

21 30 0 48 53

50 32 48 0 21

60 55 53 21 0

2. 某部门有3个工厂(产地)生产同一产品,生产的产品运往4个销售点(销地)出售,各个工厂的生产量(单位:吨),从各个工厂到各个销地的单位运价(元/吨)如表15.2所示。如何调运才能使总运费最小?

表15.2 单位运价表

产地	销地				产量
	甲	乙	丙	丁	
A	4	12	4	11	16
B	2	10	3	9	10
C	8	5	11	6	22
销量	8	14	12	14	48

3. 某商场规定营业员每周连续工作5天后可以连续休息2天,且轮流休息。据统计,商场每天需要的营业员如表15.3所示。商场人力资源部应如何安排每天的上班人数,使商场总的营业员人数最少?

表15.3 商场每天需要的营业员人数

星期	一	二	三	四	五	六	日
需要人数	300	300	350	400	480	600	550

4. 某公司共有6个供货栈,库存货物总数分别为60、55、51、43、41、52,现有8个客户分别要一批货品,数量分别为35、37、22、32、41、32、43、38。各供货栈到8个客户处的单位货物运输价格如表15.4所示。试确定各货栈到各客户处的货物调运数量,使得总运输费用最小。

表15.4 单位货物运输价格

货栈	客户							
	$V1$	$V2$	$V3$	$V4$	$V5$	$V6$	$V7$	$V8$
$W1$	6	2	6	7	4	2	9	5
$W2$	4	9	5	3	8	5	8	2
$W3$	5	2	1	9	7	4	3	3
$W4$	7	6	7	3	9	2	7	1
$W5$	2	3	9	5	7	2	6	5
$W6$	5	5	2	2	8	1	4	3

实验16　求解典型的规划问题实验

实验目的

1. 会用LINGO求解典型的规划问题。
2. 提升学生使用数学知识和计算机技术分析问题、提炼问题、解决实际问题的能力。

基本原理

16.1　指派问题

在实际工作中,常常会碰到这样的问题,要指派n个人去完成n项不同任务,每个人必须完成其中一项且仅仅一项。但因为每个人的专长不同,各个任务的难易程度也不一样,所以完成不同任务的效率就不同,那么应该指派哪个人去完成哪项任务,能使总的效率最高呢?这就是典型的指派问题。

用0-1变量x_{ij}表示分配情况,$x_{ij}=1$表示指派第i个人完成第j项任务,$x_{ij}=0$表示不分配,则上述问题可以表示为如下0-1线性规划:

$$\min z=\sum_{i=1}^{n}\sum_{j=1}^{n}c_{ij}x_{ij}$$

$$\text{s.t.}\begin{cases}\sum_{i=1}^{n}x_{ij}=1, & j=1,2,\cdots n\\ \sum_{j=1}^{n}x_{ij}=1, & i=1,2,\cdots,n\\ x_{ij}=0\text{或}1, & i,j=1,2,\cdots,n\end{cases}$$

16.2　选址问题

选址问题的研究内容十分广泛,从城市、产业带、经济技术开发区、跨国集团分公司到机场、水利设施、人类居住区、销售网点以及仓库、配送中心等的区位选址决策都是选址问题研究的范畴,涉及经济、政治、社会、管理、心理及工程地质等多门学科。设施选址是众多选址问题的一个重要研究领域。所研究的设施是指与生产、商业流通及人类生活有关的用地规模相对较小的具体网点、场所，如工厂、仓库、消防站、变电站、污水处理中心，加油(气)站等。

16.3　装 箱 问 题

装箱问题广泛存在于工业生产中，包括服装行业的面料裁剪、运输行业的集装箱货物装载、加工行业的板材型材下料、印刷行业的排样，以及现实生活中包装、整理物件等。在计算机科学中，多处理器任务调度、资源分配、文件分配、内存管理等底层操作均是装箱问题的实际应用，甚至还出现在一些棋盘形、方块形数学智力游戏中。在运筹学、计算机辅助设计、计算机图形学、人工智能、图像处理、大规模集成电路逻辑布线设计、计算机应用科学等诸多领域都有与装箱问题相关的研究成果不断出现，装箱问题的应用前景日趋广阔。

16.4　下 料 问 题

下料问题是指在生产中通过切割、剪裁、冲压等手段，将原材料加工成规定大小的成材。优化问题按照工艺要求，确定下料方案，使所用材料最省或利润最大。

一维下料问题：需要m种材料(部件)$A_1,A_2,\cdots,A_m$，数量分别为b_j，对一件长的原材料可得出k种不同的切割方法，n_{ij}表示应用第i种方法时得到A_j部件的数量。用x_i表示按第i种截法得到的原材料数量，则该问题的模型为：

$$\min z=\sum_{i=1}^{k}x_i$$

$$\text{s.t.}\begin{cases}\sum\limits_{i=1}^{k}n_{ij}x_i\geqslant b_j, & j=1,2,\cdots,m\\ x_i\geqslant 0, & i=1,2,\cdots,k\end{cases}$$

示例演示

【例 16.1】（指派问题）人事部门拟安排4人到4个不同岗位工作，每个岗位1人。经考核，4人在不同岗位的成绩(百分制)如表16.1所示。请问4人的岗位工作怎么安排，能使得总成绩最好？

表 16.1　成绩单

工作人员 / 岗位	A	B	C	D
甲	85	92	73	90
乙	95	87	78	95

续表

岗位＼工作人员	A	B	C	D
丙	82	83	79	90
丁	86	90	80	88

解

$x_{ij}=1$表示分配第i个人做第j项工作，$x_{ij}=0$表示不分配第i个人做第j项工作($i,j=1,2,3,4$)，c_{ij}表示第i个人做第j项工作的成绩，建立如下0-1整数规划模型：

$$\max z=\sum_{i=1}^{4}\sum_{j=1}^{4}c_{ij}x_{ij}$$

$$\text{s.t.}\begin{cases}\sum_{i=1}^{4}x_{ij}=1, & j=1,2,\cdots,4\\ \sum_{j=1}^{4}x_{ij}=1, & i=1,2,\cdots,4\\ x_{ij}=0\text{或}1, & i,j=1,2,\cdots,4\end{cases}$$

根据0-1整数规划模型，编写LINGO程序如下：

```
model:
sets:
fac/1..4/;
coo(fac,fac):c,x;
endsets
data:
c=85,92,73,90
  95,87,78,95
  82,83,79,90
  86,90,80,88;
enddata
max=@sum(coo(i,j):c(i,j)*x(i,j));
@for(fac(j):@sum(fac(i):x(i,j))=1);
@for(fac(i):@sum(fac(j):x(i,j))=1);
@for(coo(i,j):@bin(x(i,j)));
end
```

结果为全局最优解，总成绩最大为357分，决策变量的取值如下：

Variable	Value	Reduced Cost
X(1,1)	0.000000	−85.00000
X(1,2)	1.000000	−92.00000
X(1,3)	0.000000	−73.00000
X(1,4)	0.000000	−90.00000

```
X(2,1)     1.000000     -95.00000
X(2,2)     0.000000     -87.00000
X(2,3)     0.000000     -78.00000
X(2,4)     0.000000     -95.00000
X(3,1)     0.000000     -82.00000
X(3,2)     0.000000     -83.00000
X(3,3)     0.000000     -79.00000
X(3,4)     1.000000     -90.00000
X(4,1)     0.000000     -86.00000
X(4,2)     0.000000     -90.00000
X(4,3)     1.000000     -80.00000
X(4,4)     0.000000     -88.00000
```

【例 16.2】 (选址问题)某市下设8个区,表16.2给出救护车从一个区至另外一个区的车程时间。该市拟建救护中心,要求各区离救护中心的车程时间必须在8分钟之内,请问至少应建多少个救护中心,建于何处?

表 16.2 车程时间

出发	抵达						
	2	3	4	5	6	7	8
1	8	9	11	13	14	8	15
2		10	12	13	11	17	14
3			7	7	8	12	10
4				8	7	10	9
5					8	14	16
6						10	7
7							12

解

先根据表16.2整理出救护车程8分钟内所能覆盖的区,见表16.3所示。

表 16.3 救护车程 8 分钟内所能覆盖的区

救护中心设于该区	救护车程8分钟内所能覆盖的区				
1	1	2	7		
2	2				
3	3	4	5	6	
4	3	4	5	6	
5	3	4	5	6	
6	3	4	5	6	8
7	1	7			
8	6	8			

不妨设$x_i=\begin{cases}1 & \text{该区设救护中心}\\ 0 & \text{该区不设救护中心}\end{cases}$,构造0-1整数规划模型如下:

$$\min z=\sum_{i=1}^{8}x_i$$

$$\text{s.t.}\begin{cases}x_1+x_2\geqslant 1\\x_3+x_4+x_5+x_6\geqslant 1\\x_3+x_4+x_5+x_6+x_8\geqslant 1\\x_1+x_7\geqslant 1\\x_6+x_8\geqslant 1\\x_i=0\text{或}1,\quad i=1,\cdots,8\end{cases}$$

根据0-1整数规划模型,编写LINGO程序如下:

```
model:
sets:
fac/1..8/:x;
endsets
min=@sum(fac(i):x(i));
x(1)+x(2)>=1;
x(3)+x(4)+x(5)+x(6)>=1;
x(3)+x(4)+x(5)+x(6)+x(8)>=1;
x(1)+x(7)>=1;
x(6)+x(8)>=1;
@for(fac(i):@bin(x(i)));
end
```

结果为全局最优解,最小值为2,决策变量的取值如下:

Variable	Value	Reduced Cost
X(1)	1.000000	1.000000
X(2)	0.000000	1.000000
X(3)	0.000000	1.000000
X(4)	0.000000	1.000000
X(5)	0.000000	1.000000
X(6)	1.000000	1.000000
X(7)	0.000000	1.000000
X(8)	0.000000	1.000000

决策变量$x_1=1$,$x_6=1$,这表明至少应在1、6两个区各设一个救护中心。

【例16.3】 (装箱问题)要把7种规格的包装箱装到两辆铁路平板车上,包装箱的宽和高相同,但厚度和重量不同,具体如表16.4所示。每辆车有10.2 m长的地方可以用来装箱(类似面包片),载重为40吨。C_5、C_6、C_7三类包装箱所占总空间(厚度)不超过302.7 cm。平板车装载示意图如图16.1所示。试建立数学模型,尽量将这些包装箱装到平板车上去,使浪费的空间最小。

表 16.4 包装箱厚度和重量

箱名	C_1	C_2	C_3	C_4	C_5	C_6	C_7
厚度(cm)	48.7	52.0	61.3	72.0	48.7	52.0	64.0
重量(kg)	2000	3000	1000	500	4000	2000	1000
箱数	8	7	9	6	6	4	8

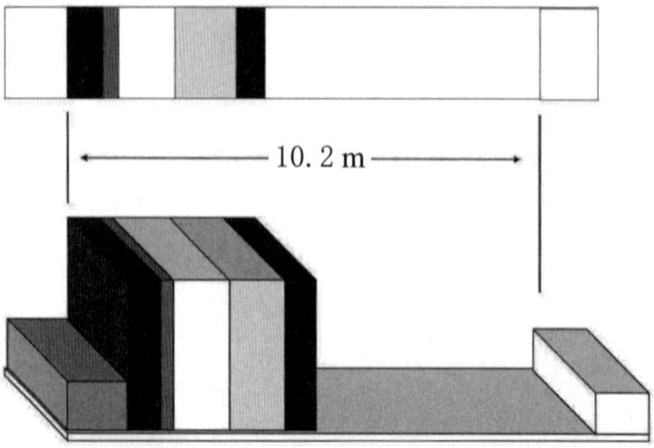

图 16.1 平板车装载示意图

解

设决策变量 x_{ij} ($i=1,2;j=1,2,\cdots,7$)表示第 i 辆车上第 j 种包装的数量,l_j、w_j、a_j($j=1,2,\cdots,7$)分别表示第 j 种包装的厚度、重量、箱数。由于规定是按照面包片重叠那样的装法,因此尽可能地在体积上多装等价于使两辆车上装箱总厚度尽可能大,则

箱数限制:$\sum_{i=1}^{2} x_{ij} \leqslant a_j, \quad j=1,2,\cdots,7$

长度限制:$\sum_{j=1}^{7} l_j x_{ij} \leqslant 1020, \quad i=1,2$

重量限制:$\sum_{j=1}^{7} w_j x_{ij} \leqslant 40000, \quad i=1,2$

C_5、C_6、C_7 三类包箱厚度限制:$\sum_{j=5}^{7} l_j (x_{1j}+x_{2j}) \leqslant 302.7$

额外限制:整数变量

根据以上分析,构造整数规划模型如下:

$$\max z = \sum_{j=1}^{7} l_j (x_{1j}+x_{2j})$$

$$
\text{s.t.}\begin{cases}\sum_{i=1}^{2} x_{ij} \leqslant a_j, & j=1,2,\cdots,7 \\ \sum_{j=1}^{7} l_j x_{ij} \leqslant 1020, & i=1,2 \\ \sum_{j=1}^{7} w_j x_{ij} \leqslant 40000, & i=1,2 \\ \sum_{j=5}^{7} l_j (x_{1j}+x_{2j}) \leqslant 302.7 \\ x_{ij} \geqslant 0, & i=1,2;j=1,2,\cdots,7\end{cases}
$$

根据整数规划模型,编写LINGO程序如下:

```
model:
sets:
fac1/1..2/;
fac2/1..7/:a,l,w;
coo(fac1,fac2):x;
endsets
data:
a=8,7,9,6,6,4,8;
l=48.7,52.0,61.3,72.0,48.7,52.0,64.0;
w=2000,3000,1000,500,4000,2000,1000;
enddata
max=@sum(fac2(j):l(j)*(x(1,j)+x(2,j)));
@for(fac2(j):@sum(fac1(i):x(i,j))<=a(j));
@for(fac1(i):@sum(fac2(j):l(j)*x(i,j))<=1020);
@for(fac1(i):@sum(fac2(j):w(j)*x(i,j))<=40000);
@sum(fac2(j)|j#ge#5:l(j)*(x(1,j)+x(2,j)))<=302.7;
@for(coo(i,j):@gin(x(i,j)));
end
```

运行结果最大值为2039.400,决策变量的取值如下:

Variable	Value	Reduced Cost
X(1,1)	1.000000	−48.70000
X(1,2)	5.000000	−52.00000
X(1,3)	4.000000	−61.30000
X(1,4)	3.000000	−72.00000
X(1,5)	3.000000	−48.70000
X(1,6)	2.000000	−52.00000
X(1,7)	0.000000	−64.00000
X(2,1)	7.000000	−48.70000

```
X(2,2)      2.000000      -52.00000
X(2,3)      5.000000      -61.30000
X(2,4)      3.000000      -72.00000
X(2,5)      0.000000      -48.70000
X(2,6)      1.000000      -52.00000
X(2,7)      0.000000      -64.00000
```

【例16.4】 (下料问题)某车间有一批长180 cm的棒料,根据零件的加工要求,需从这批棒料中成套截取70 cm长的毛坯,且不少于100根,52 cm长的毛坯不少于100根,35 cm长的毛坯不多于100根。要求合理设计下料方案,使剩下的边角料总长度最短。根据初步估算,可能的下料方案如表16.5所示。

表16.5 下料方案

下料方案	毛坯数目(根)			边角料
	70 cm	52 cm	35 cm	
1	2	0	1	5
2	1	2	0	6
3	1	1	1	23
4	1	0	3	5
5	0	3	0	24
6	0	2	2	6
7	0	1	3	23
8	0	0	5	5

解

设$x_i(i=1,2,\cdots,8)$表示第i种下料方案所需原材料的根数,$c_i(i=1,2,\cdots,8)$表示第i种下料方案剩余的边角料长度,构造整数规划模型如下:

$$\min z=\sum_{i=1}^{8}c_i x_i$$

$$\text{s.t.}\begin{cases}2x_1+x_2+x_3+x_4\geqslant 100\\2x_2+x_3+3x_5+2x_6+x_7\geqslant 100\\x_1+x_3+3x_4+2x_6+3x_7+5x_8\leqslant 100\\x_i\geqslant 0\text{且为整数},\quad i=1,2,\cdots,8\end{cases}$$

根据整数规划模型,编写LINGO程序如下:

```
model:
sets:
fac/1..8/:c,x;
endsets
data:
c=5,6,23,5,24,6,23,5;
```

```
enddata
min=@sum(fac(i):c(i)*x(i));
2*x(1)+x(2)+x(3)+x(4)>=100;
2*x(2)+x(3)+3*x(5)+2*x(6)+x(7)>=100;
x(1)+x(3)+3*x(4)+2*x(6)+3*x(7)+5*x(8)<=100;
@for(fac(i):@gin(x(i)));
end
```

结果为全局最优解，运行结果最小值为425.0000，决策变量的取值如下：

Variable	Value	Reduced Cost
X(1)	25.00000	5.000000
X(2)	50.00000	6.000000
X(3)	0.000000	23.00000
X(4)	0.000000	5.000000
X(5)	0.000000	24.00000
X(6)	0.000000	6.000000
X(7)	0.000000	23.00000
X(8)	0.000000	5.000000

决策变量$x_1=25$，$x_2=50$，这表明第1种下料方式使用25根棒料，第2种下料方式使用50根棒料。这种下料方案是最优解。

实验练习

1. 某商业公司计划开办5家新商店，决定由5家建筑公司分别承建。已知建筑公司$A_i(i=1,2,\cdots,5)$对新商店$B_j(j=1,2,\cdots,5)$的建造费用报价(万元)为$C_{ij}(i,j=1,2,\cdots,5)$，如表16.6所示。为节省费用，该商业公司应当对5家建筑公司怎样分配建造任务，才能使总的建造费用最少？

表16.6　建造费用报价数据

建筑公司	商店				
	*B*1	*B*2	*B*3	*B*4	*B*5
*A*1	4	8	7	15	12
*A*2	7	9	17	14	10
*A*3	6	9	12	8	7
*A*4	6	7	14	6	10
*A*5	6	9	12	10	6

2. 让甲、乙、丙、丁、戊去完成A、B、C、D、E 5项任务，每人完成一项，每项任务只能由一个人完成，5个人分别完成各项任务所需时间如表16.7所示，试给出合理的任务分配方案，使总时间最少。

表 16.7 完成各项任务所需时间

人员	任务				
	A	B	C	D	E
甲	8	6	10	9	12
乙	9	12	7	11	9
丙	7	4	3	5	8
丁	9	5	8	11	8
戊	4	6	7	5	11

3. 经统计,某中型百货商场对售货人员的需求如下:星期一,12人;星期二,15人;星期三,12人;星期四,14人;星期五,16人;星期六,18人;星期日,19人。为了保证销售人员充分休息,销售人员每周工作 5 天,连续休息2天,每人周工资200元。如何安排销售人员的工作时间,使得售货人员的总费用最少?

4. 某地区有5个拟投资项目,各项目期望收益与所需投资额如表16.8所示。在这些项目中,Ⅰ、Ⅲ和Ⅴ之间必须且只能选择一项;项目Ⅱ和Ⅳ之间至少选择一项;Ⅲ和Ⅳ两个项目是密切相关的,项目Ⅲ的实施必须以项目Ⅳ的实施为前提。该地区共筹集到资金15万元,应该选择哪些项目才能使收益最大?

表 16.8 相关数据参数

工程项目	收益(万元)	所需投资(万元)
Ⅰ	10	6
Ⅱ	8	4
Ⅲ	7	2
Ⅳ	6	4
Ⅴ	9	5

5. 已知30个物品,其中6个长0.51 m,6个长0.27 m,6个长0.26 m,余下12个长0.23 m,箱子长为1 m,问最少需要多少个箱子才能把30个物品全部装进箱子?

6. 圆钢原材料每根长5.5 m,现需要A、B、C 三种圆钢材料,长度分别为3.1 m、2.1 m、1.2 m,数量分别为100、200、400根。试安排下料方式,使所需圆钢原材料的总数最少。

实验17　非线性规划实验

实验目的

1. 理解非线性规划的概念。

2. 会用LINGO求解简单的非线性规划问题。

3. 在求解非线性规划问题的过程中，要求学生秉持客观、求实、严谨的科学态度，同时培养学生的科学精神。

4. 将理论知识与实际问题相结合，通过实验操作来解决实际问题，培养学生的动手能力，为学生未来从事相关工作奠定坚实的基础。

基本原理

目标函数或约束条件有非线性表达式的规划称为非线性规划。非线性规划的一般形式如下：

$$\text{opt}\quad f(X)$$
$$\text{s.t.}\begin{cases} g_i(X)\leqslant 0, & i=1,2,\cdots,m \\ h_j(X)=0, & j=1,2,\cdots,s \end{cases}$$

式中，$X=(x_1,x_2,\cdots,x_n)^{\mathrm{T}}\in\mathbf{R}^n$是$n$维未知向量，被称为决策变量；$f(X)$为目标函数；$g_i(X)$与$h_j(X)$称为约束函数。如果目标函数和约束条件中任意一个函数是非线性函数，则上述优化问题被称为非线性优化问题。当自变量满足约束条件时，得到的自变量为上述优化问题的可行解；当自变量同时满足约束条件以及使得目标函数最优时，得到的解为最优解。一般情况下，由于非线性优化问题容易存在多个局部极值，因此非线性规划问题难以得到全局最优解。

示例演示

【例17.1】　利用LINGO编程求解以下非线性规划问题：

$$\max z=\sqrt{x_1}+\sqrt{x_2}+\sqrt{x_3}+\sqrt{x_4}$$

$$\text{s.t.}\begin{cases} x_1 \leqslant 400 \\ 1.1x_1 + x_2 \leqslant 440 \\ 1.21x_1 + 1.1x_2 + x_3 \leqslant 484 \\ 1.331x_1 + 1.21x_2 + 1.1x_3 + x_4 \leqslant 532.4 \\ x_1, x_2, x_3, x_4 \geqslant 0 \end{cases}$$

解

编写LINGO程序如下：

```
model:
max=x1^(1/2)+x2^(1/2)+x3^(1/2)+x4^(1/2);
x1<=400;
1.1*x1+x2<=440;
1.21*x1+1.1*x2+x3<=484;
1.331*x1+1.21*x2+1.1*x3+x4<=532.4;
end
```

结果为全局最优解，函数值最大为43.08596，自变量的取值如下：

Variable	Value	Reduced Cost
X1	86.18832	0.000000
X2	104.2879	−0.2287576E−08
X3	126.1883	0.000000
X4	152.6879	0.000000

【例17.2】 利用LINGO编程求解以下非线性整数规划问题：

$$\max z = x_1^2 + x_2^2 + 3x_3^2 + 4x_4^2 + 2x_5^2 - 8x_1 - 2x_2 - 3x_3 - x_4 - 2x_5$$

$$\text{s.t.}\begin{cases} x_1 + x_2 + x_3 + x_4 + x_5 \leqslant 400 \\ x_1 + 2x_2 + 2x_3 + x_4 + 6x_5 \leqslant 800 \\ 2x_1 + x_2 + 6x_3 \leqslant 200 \\ x_3 + x_4 + x_5 \leqslant 200 \\ 0 \leqslant x_i \leqslant 99, \text{且} x_i \text{为整数}, \quad i = 1, 2, \cdots, 5 \end{cases}$$

解

编写LINGO程序如下：

```
model:
sets:
num /1..5/:c1,c2,x; !c1为目标函数一次项的系数,c2为目标函数二次项的系数;
row /1. .4/:b;
link (row,num):a;
endsets
data:
c1 =-8,-2,-3,-1,-2;
c2 =1,1,3,4,2;
```

```
a=1,1,1,1,1,
1,2,2,1,6,
2,1,6,0,0,
0,0,1,1,5;
b=400,800,200,200;
enddata
max=@sum(num(j):c2(j)*x(j)^2+c1(j)*x(j));
@for(row(i):@sum(num(j):a(i,j)*x(j))<=b(i));
@for(num(j):@bnd(0,x(j),99);@gin(x(j)));
end
```

结果为全局最优解,函数值最大为51568,自变量的取值如下:

Variable	Value	Reduced Cost
X(1)	50.00000	−92.00000
X(2)	99.00000	−196.0000
X(3)	0.000000	3.000000
X(4)	99.00000	−791.0000
X(5)	20.00000	−78.00000

【例17.3】 若矩阵a由6个元素组成,且$a(i)>5(i=1,2,5,6)$,求矩阵a中各元素平方和的最小值。

解

编写LINGO程序如下:

```
model:
sets:
factory/ 1..6 /:a;
endsets
min=@sum(factory(i): a(i)^2);
@for(factory(i)|i#lt#3 #or# i#ge#5:a(i)>5);
end
```

计算最小值为100,矩阵a中各元素的具体取值如下:

Variable	Value	Reduced Cost
A(1)	5.000000	0.000000
A(2)	5.000000	0.000000
A(3)	0.000000	0.000000
A(4)	0.000000	0.000000
A(5)	5.000000	0.000000
A(6)	5.000000	0.000000

【例17.4】 某公司有6个建筑工地要开工,工地的位置(x_i,y_i)(单位:km)和水泥日用量

d_i(单位:吨)由表17.1给出。公司目前有两个临时存放水泥的场地(简称料场),分别位于$A(5,1)$和$B(2,7)$,日存储量各20吨。目前打算舍弃两个临时料场,改建两个新料场,使得总吨·km数最小,请问该建在何处?

表17.1 工地位置和水泥日用量

工 地	1	2	3	4	5	6
x	1.25	8.75	0.5	5.75	3	7.25
y	1.25	0.75	4.75	5	6.5	7.75
d	3	5	4	7	6	11

解

设料场的位置用(px_j,py_j)表示,日存储量用e_j表示,从料场j到工地i的日运输量为c_{ij},建立非线性规划模型如下:

$$\min z=\sum_{i=1}^{6}\sum_{j=1}^{2}c_{ij}\sqrt{(px_j-x_i)^2+(py_j-y_i)^2}$$

$$\text{s.t.}\begin{cases}\sum\limits_{i=1}^{6}c_{ij}\leqslant e_j, & j=1,2\\ \sum\limits_{j=1}^{2}c_{ij}\leqslant d_j, & i=1,2,\cdots 6\end{cases}$$

根据以上模型,使用LINGO软件,编写程序如下:

```
model:
sets:
gd/1..6/:x,y,d;
lch/A,B/ : px,py,e;
links(gd,lch): c;
endsets
data:
x=1.25 8.75 0.5 5.75 3 7.25;
y=1.25 0.75 4.75 5 6.5 7.75;
d=3,5,4,7,6,11;
e=20,20;
enddata
min=@sum(links(i,j):c(i,j)*((px(j)-x(i))^2+ (py (j)-y(i))^2)^(0.5) );
@for (gd (i): @sum (lch (j): c (i,j))=d (i));
@for (lch (j):@sum (gd (i):c(i,j))<=e(j));
end
```

计算目标函数最小值为85.26604,新建料场的位置为A(3.254883,5.652332)、B(7.250000,7.750000),其中料场B的位置与工地6重合,具体运输方案如表17.2所示。

表17.2　运输方案

运量工地	1	2	3	4	5	6	合计
料场A	3	0	4	7	6	0	20
料场B	0	5	0	0	0	11	16
合计	3	5	4	7	6	11	36

【例17.5】 某工厂向用户提供发动机,合同规定,第一、二、三季度末分别交货40台、60台、80台,每季度的生产费用为$f(x)=ax+bx^2$(元),其中x表示该季度生产的发动机台数。若交货后有剩余,可用于下季度继续交货,但需支付存储费,每台每季度c元。已知工厂每季度最大生产能力为100台,第一季度开始时无存货。若$a=50,b=0.2,c=4$,试问工厂应如何安排生产计划,才能在满足合同要求的条件下,使得总费用最低?

解

设第一、二、三季度的生产数量分别为x_1、x_2、x_3台,建立如下的非线性规划模型:

$$\min f=b(x_1^2+x_2^2+x_3^2)+(a+2c)x_1+(a+c)x_2+ax_3-140c$$

$$\text{s.t.}\begin{cases}x_1\geqslant 40\\ x_1+x_2\geqslant 100\\ x_1+x_2+x_3=180\\ x_1,x_2,x_3\leqslant 100\end{cases}$$

根据以上模型,使用LINGO软件,编写程序如下:

```
model:
data:
a=50;
b=0.2;
c=4;
enddata
min=b*(x1^2+x2^2+x3^2)+(a+2*c)*x1+(a+c)*x2+a*x3-140*c;
x1>=40;
x1+x2>=100;
x1+x2+x3=180;
x1<=100;
x2<=100;
x3<=100;
end
```

当$a=50,b=0.2,c=4$时,计算得目标函数最小值为11280,最优解$x_1=50,x_2=60,x_3=70$。

实验练习

1. 利用LINGO编程求解以下非线性规划问题:

$$\min z=-x_1-x_2$$
$$\text{s.t.}\begin{cases}x_2\leqslant 2x_1^4-8x_1^3+8x_1^2+2\\x_2\leqslant 4x_1^4-32x_1^3+88x_1^2-96x_1+36\\0\leqslant x_1\leqslant 3,\quad 0\leqslant x_2\leqslant 4\end{cases}$$

2. 利用LINGO编程求解以下非线性规划问题：

$$\max z=2x_1+3x_1^2+3x_2+x_2^2+x_3$$
$$\text{s.t.}\begin{cases}x_1+2x_1^2+x_2+2x_2^2+x_3\leqslant 10\\x_1+x_1^2+x_2+x_2^2-x_3\leqslant 50\\2x_1+x_1^2+2x_2+x_3\leqslant 40\\x_1^2+x_3=2\\x_1+2x_2\geqslant 1\\x_1\geqslant 0\end{cases}$$

3. 求函数$f(x)=\mathrm{e}^{-x}(x^3+1.5\cos x+x\ln x)$在区间(0.2,4)内的极小值点、极大值点以及对应的极小值和极大值。

4. 体育场内，一个框里装满了羽毛球，2个2个地数，余1个羽毛球；3个3个地数，正好数完；4个4个地数，余1个羽毛球；5个5个地数，余4个羽毛球；6个6个地数，余3个羽毛球；7个7个地数，余4个羽毛球；8个8个地数，余1个羽毛球；9个9个地数，正好数完。请建立数学规划模型来求筐中羽毛球个数的最小值是多少？

5. 某企业用A、B两种原油混合加工成甲、乙两种成品油销售，具体数据如表17.3所示。表中百分比是成品油中原油A的最低含量。

表17.3 原油、成品油数据

原油	甲	乙	现有库存量(吨)	最大采购量(吨)
A	≥50%	≥60%	500	1650
B			800	1200

成品油甲和乙的销售价与加工费之差分别为5和5.6(单位：千元/吨)，原油A、B的采购价分别是采购量x(单位：吨)的分段函数$f(x)$和$g(x)$(单位：千元/吨)：

$$f(x)=\begin{cases}4x, & 0\leqslant x\leqslant 500\\500+3x, & 500<x\leqslant 1000\\1500+2x, & x>1000\end{cases}$$

$$g(x)=\begin{cases}3.2x, & 0\leqslant x\leqslant 400\\240+2.6x, & 400<x\leqslant 800\\880+1,8x, & x>800\end{cases}$$

该企业现有资金限额为7200(千元)，生产成品油乙的最大能力为2000吨。假设成品油全部能销售出去，在充分利用现有资金和现有库存的条件下，如何合理安排采购和生产计划，才能使得企业收益最大？

第3部分
基于SPSS的数学实验

实验18 SPSS软件简介与基本操作

实验目的

1. 了解SPSS软件的功能。
2. 掌握SPSS软件的基本操作。
3. 通过实践操作,提高数据处理和分析的能力,为后续的数据分析打下基础。
4. 培养学生的自主学习能力和实践操作能力,提高学生的专业素养。

基本原理

SPSS(Statistical Package for the Social Sciences)是一款广泛应用于社会科学领域的统计分析软件。SPSS软件的主要功能包括数据录入、资料编辑、数据管理、统计分析、报表制作和图形绘制。其中,统计分析功能尤为突出,支持描述性分析、相关性分析等多种统计方法,适用于医学、环境学等多个学科领域。软件界面设计包括变量窗口、数据窗口和结果窗口三大部分,便于用户进行数据管理和分析。

在数据管理方面,SPSS支持从多种数据源导入数据,如IBM SPSS Statistics数据文件、Excel数据、数据库中的数据和文本文件等。用户可以在数据编辑器窗口中输入和编辑数据,如输入数值数据和字符串数据、定义数据集、添加变量标签、处理缺失数据等。

统计分析功能方面,SPSS提供了描述性统计、假设检验、相关与回归分析等多种分析方法。描述性统计可以帮助用户了解数据的基本特征,如均值、标准差等。假设检验支持t检验、卡方检验、方差分析等,用于判断样本数据是否符合某种假设。相关与回归分析则可以帮助用户了解变量之间的相关性,并进行预测分析。

此外,SPSS还支持报表制作和图形绘制,可以将分析结果以表格或图形的形式进行展示,便于用户理解和分享分析结果。另外,软件还提供了详细的帮助文档和教程,使用户能够快速上手并熟练地掌握软件的各种功能。

示例演示

SPSS软件可以对数据进行编辑、输出、保存等操作。主要窗口包括:数据编辑器窗口、结果输出窗口、语句窗口和脚本编辑窗口。

1. 数据编辑器窗口

SPSS数据编辑器窗口是SPSS的主程序窗口，该窗口的主要功能是定义SPSS数据的结构、录入编辑和管理待分析的数据，如图18.1所示。数据编辑器窗口主要由以下几部分构成：标题栏、菜单栏、工具栏、编辑栏、数据显示区域、数据/变量视图切换按钮、状态栏等。

标题栏：显示当前工作文件名称。

菜单栏：显示SPSS的所有菜单命令，如文件、编辑、查看、数据、转换、分析、图形、实用程序等菜单项。

工具栏：排列系统默认的标准工具图标按钮，此栏的图标按钮可以通过依次单击菜单"查看"→"工具栏"来选择隐藏、显示或更改。

编辑栏：也称数据输入栏，用户通过键盘输入的数据会在这里显示。

数据显示区域：该区域是一个二维表格，显示编辑确认的数据。

数据/变量视图切换按钮：选择数据视图或变量视图。

状态栏：位于窗口底部，反映当前工作状态。

图18.1　数据编辑器窗口

数据编辑器窗口的功能主要包括：

（1）定义SPSS数据的结构、录入编辑和管理待分析的数据。

（2）数据的排序、转置、抽样、分类、汇总、加权等操作。

（3）数据的结构描述，如变量名称、类型、宽度、小数、标签等。

（4）数据的输入和编辑，包括在数据视图中直接由用户输入数据、存放数据和从外部导入数据。数据编辑窗口的特色是提供了数据视图和变量视图两种模式，允许用户从不同角度查看和分析数据。数据视图用于显示数据的内容，可以直接由用户输入数据和存放数据；而变量视图用于显示数据的结构，主要是用来存放变量的信息，如变量名称、类型、宽度、小数、标签等。外部数据导入格式为：依次点击菜单“文件”→“打开”→“数据”，选择相应的文件名和文件类型。

（5）操作和编辑：在SPSS中，用户可以通过主菜单中的相应选项来进行数据分析，如依次点击菜单“文件”→“新建”→“数据”来新建一个SPSS的数据文件，或者依次点击菜单“文件”→“打开”→“数据”来打开一个保存的数据文件。

2. 结果输出窗口

结果输出窗口可以显示分析结果、统计图表等内容，一般通过点击菜单栏、执行统计分析命令来打开，如图18.2所示。

图18.2　结果输出窗口

3. 语句窗口

SPSS除了点击菜单进行数据统计分析外，还可以通过编写语句程序达到统计分析的目的。打开方式：依次点击菜单“文件”→“新建”→“语法”，语法编辑器窗口如图18.3所示。

图18.3　语法编辑器窗口

4. 脚本编辑窗口

SPSS不仅提供统计分析,还具备编程扩展性。其脚本编辑器作为一个专业的编程环境,支持用户运用Python 2、Python 3和Basic等语言编写脚本,从而扩展SPSS的分析能力。打开方式:依次点击菜单"文件"→"新建"→"脚本"→选择对应的编程语言(这里选择Python 2,如图18.4所示)。

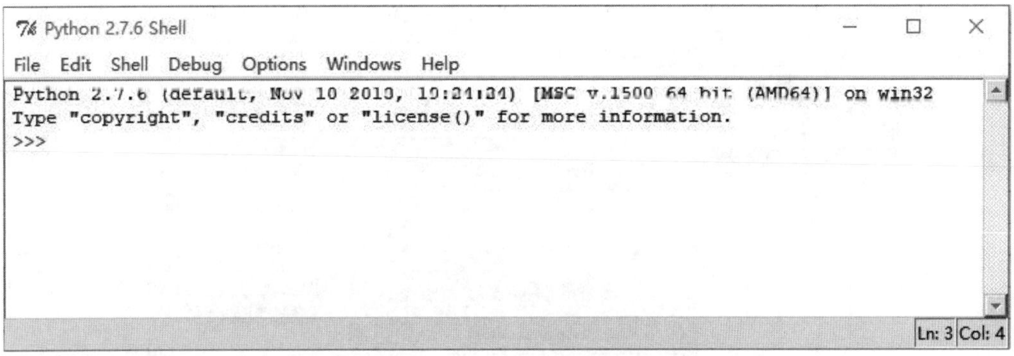

图18.4　脚本编辑器窗口

5. 数据整理

在SPSS中,数据整理的功能主要集中在"数据"和"转换"两个主菜单下。下面以"个案排序"和"计算变量"为例作简单介绍。

(1) 个案排序。

数据按照某一个或多个变量的大小排序将有利于对数据的总体浏览。个案排序的操作步骤为:选择菜单"数据"→"个案排序",打开对话框,选择要排序的变量,如图18.5所示。

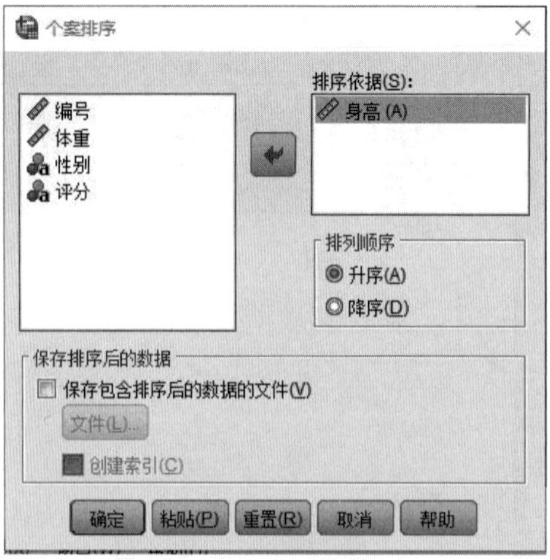

图 18.5　个案排序窗口

(2) 计算变量。

在对数据文件中的数据进行统计分析的过程中,有时需要对数据文件中的变量进行加工以产生新的变量。比如经常需要对几个变量求和或取加权平均数等,其步骤如下:选择菜单"转换"→"计算变量",打开对话框,在"目标变量"中输入新的变量,在"数字表达式"中输入需要计算的表达式,如图18.6所示。

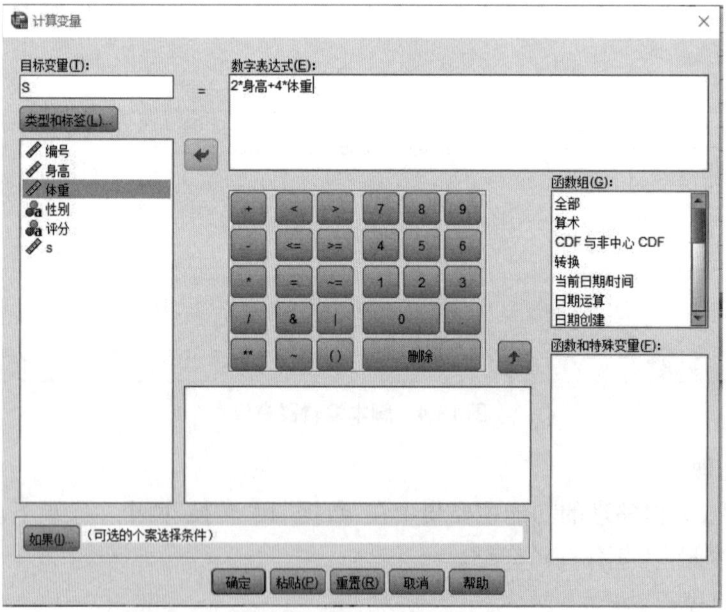

图 18.6　计算变量窗口

6. 数据保存

SPSS数据录入或编辑整理完成以后应及时保存,以防数据丢失。保存数据文件可以通过点击菜单"文件"→"保存",或者"文件"→"另存为"的方式来执行。在数据保存对话框(图18.7)中根据不同要求进行SPSS数据保存。

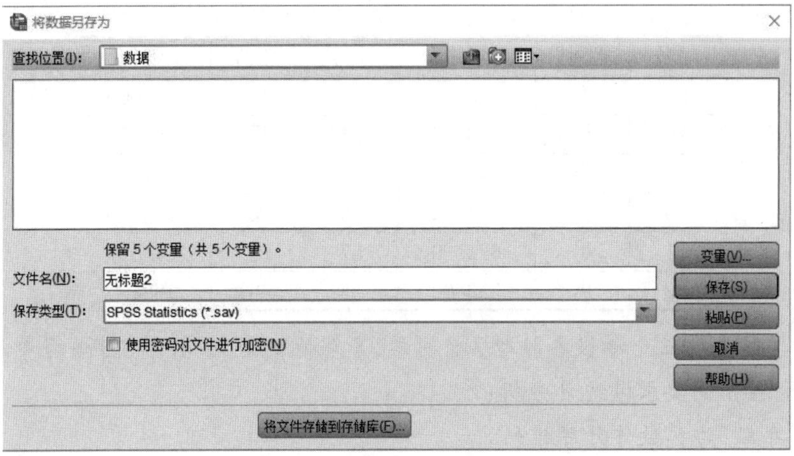

图18.7 数据保存窗口

实验练习

1. 某航空公司38名职员的性别和工资情况的调查数据如表18.1所示，试在SPSS中进行如下操作：

(1) 将数据输入到SPSS的数据编辑窗口中，将“性别”定义为字符型变量，将“工资”定义为数值型变量，并保存数据文件，命名为“调查数据.sav”。

(2) 插入一个变量“收入”，定义为数值型变量。

(3) 将数据文件按性别分组。

(4) 查找工资大于240000元的职工。

(5) 当工资大于240000元时，职工的奖金是工资的20%；当工资小于40000元时，职工的奖金是工资的10%，假设实际收入=工资+奖金，计算所有职员的实际收入，并添加到“收入”变量中。

表18.1 某航空公司38名职员的调查数据表

序号	性别	工资(元)	序号	性别	工资(元)
1	男	342000	14	女	157500
2	男	241200	15	女	233100
3	女	128700	16	男	130500
4	女	131400	17	女	144000
5	男	270000	18	女	101700
6	男	192600	19	女	126900
7	男	216000	20	男	186300
8	女	131400	21	男	362250
9	女	167400	22	男	195300
10	女	144000	23	男	810000
11	女	181800	24	男	187200
12	男	170100	25	男	216900
13	男	166500	26	男	663750

续表

序号	性别	工资(元)	序号	性别	工资(元)
27	女	210600	33	男	252000
28	男	163800	34	男	552000
29	男	244800	35	男	487500
30	男	276000	36	女	188100
31	男	622500	37	男	174600
32	男	253800	38	男	188100

2. 某中学随机从三个年级各抽取3名同学，了解他们语文、数学、英语的考试成绩，如表18.2所示。请按下面要求做统计分析：

(1) 以“年级”为参数作升序排列。

(2) 生成“平均成绩=(英语+语文+数学)/3”，并以“平均成绩”为参数作降序排列。

(3) 对数学成绩重新赋值。85分及以上为“1”(优秀)；85分以下75分及以上为“2”(良好)；75分以下为“3”(合格)。

(4) 按年级计算三科成绩的平均分。

表18.2　9名同学的语文、数学、英语成绩

年级	性别	语文	数学	英语
3	女	94	92	90
1	男	85	78	98
2	男	70	67	96
1	女	84	89	92
2	女	79	75	92
3	女	78	94	87
3	男	68	84	87
1	男	82	86	82
2	男	73	89	81

实验19　数据可视化实验

实验目的

1. 掌握类别数据和数值数据的可视化方法,包括条型图、饼图、直方图、茎叶图、箱型图、散点图等。

2. 对不同类型的数据进行可视化处理,以更好地理解数据的特征、趋势和关系。

3. 培养学生运用数据可视化工具分析数据、解决实际问题的能力,使学生成为具有创新精神和实践能力的高素质人才。

基本原理

数据可视化是一种将数据转化为图形的过程,对于数据分析至关重要。在数据可视化过程中,我们应当明确三个核心要素:数据的类型、分析的目的和使用的工具。数据的类型定义了我们能够选择的图表类型。分析的目的指导我们选择何种图表以更好地传达信息。工具的选用则决定了我们能够创造出什么样的图表。数据的类型包括类别数据和数值数据。

适用于类别数据可视化的方法有条型图(包括简单条型图、帕累托图、簇状条型图和堆积条型图等)和饼图(包括饼图、环型图等)。

适用于数值数据可视化的方法有直方图、茎叶图、箱型图、散点图、气泡图、雷达图、轮廓图、折线图和面积图等。

示例演示

【例19.1】 为了评价服装行业售后服务的质量,随机抽取了30名顾客,对其服务质量进行了评分(A:好;B:一般;C:差),数据见表19.1所示。

(1) 绘制性别和评分类型的简单条型图。

(2) 绘制评分类型的帕累托图。

(3) 绘制评分类型的簇状条型图和堆积条型图。

(4) 绘制评分类型的饼图。

表 19.1　30 名顾客对服务质量的评价数据

编号	身高	体重	性别	评分	编号	身高	体重	性别	评分
1	173	87.5	女	A	16	177	92	女	C
2	168	74.5	女	B	17	167.5	60	女	C
3	159.5	60.2	男	B	18	176	96	男	A
4	175.2	89.5	男	B	19	172	89	男	A
5	166	78	女	C	20	170	92	女	B
6	148.8	53.4	男	C	21	165.5	60	男	B
7	171	90	女	C	22	156.9	46	女	C
8	168	75	女	A	23	169	59	男	C
9	175	80	男	A	24	169	62	男	A
10	167	60	女	B	25	155	53	男	A
11	154	52	男	B	26	156.3	59	男	A
12	179	89	男	B	27	168.9	62	男	B
13	172	83	女	B	28	172	80	女	B
14	163	90	女	A	29	170.6	80	男	B
15	175	84	男	A	30	159.5	46	男	B

解

SPSS操作步骤和结果如下：

(1) 绘制简单条型图。依次点击菜单："分析"→"描述统计"→"频率"。变量类别选择"性别"或"评分"。单击"图表"按钮，在打开的"频率：图表"对话中的"图表类型"中选择"条型图"，"图表值"中选择"频数"或"百分比"，如图19.1所示。SPSS运行结果如图19.2所示。

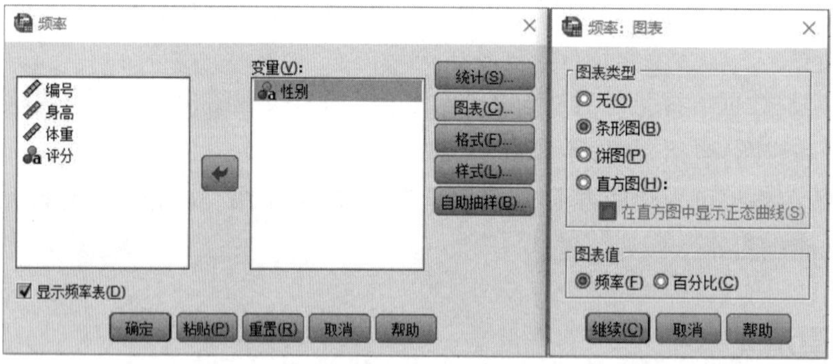

图 19.1 简单条型图的操作过程

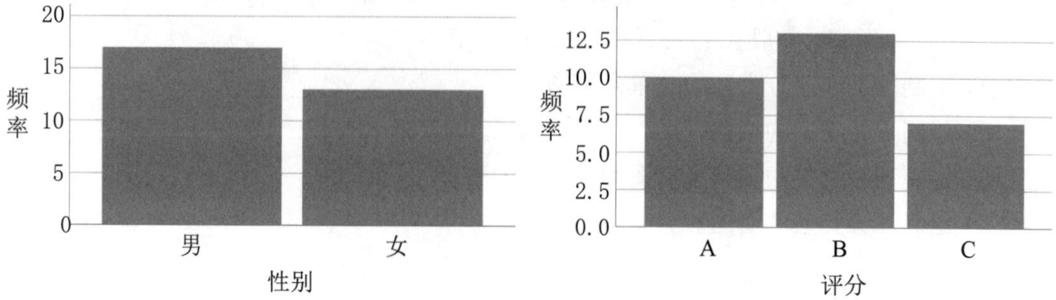

图 19.2　性别和评分类型的简单条型图

(2)绘制帕累托图。依次选择菜单“分析”→“质量控制”→“帕累托图”→“简单”。“类别轴”选择“评分”,如图19.3所示。SPSS运行结果如图19.4所示。

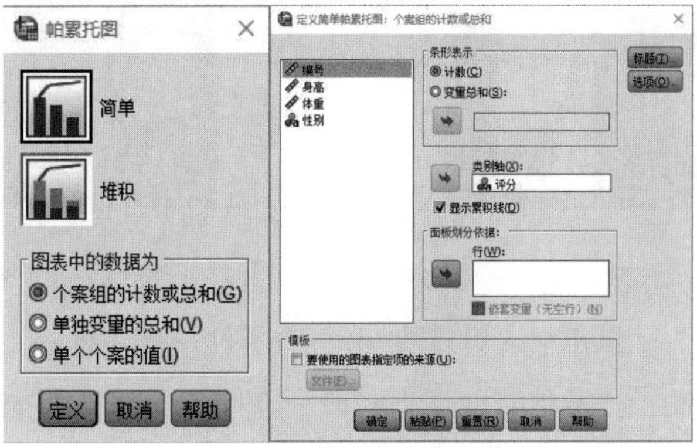

图19.3　帕累托图的操作过程

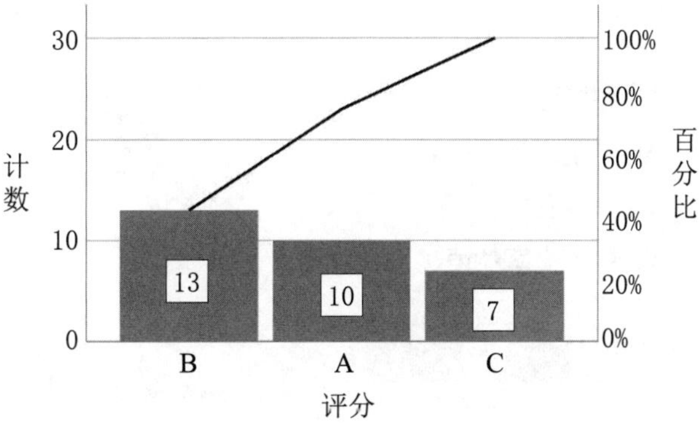

图19.4　评分类型的帕累托图

(3) 绘制簇状或堆积条型图。依次选择菜单“图形”→“旧对话框”→“条型图”→“簇状或堆积条型图”。“类别轴”选择“评分”,“聚类定义依据”选择“性别”,如图19.5所示。SPSS运行结果如图19.6所示。

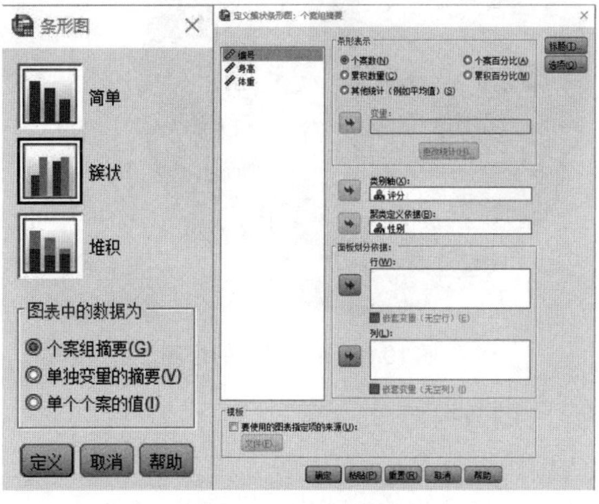

图19.5　簇状或堆积条型图的操作过程

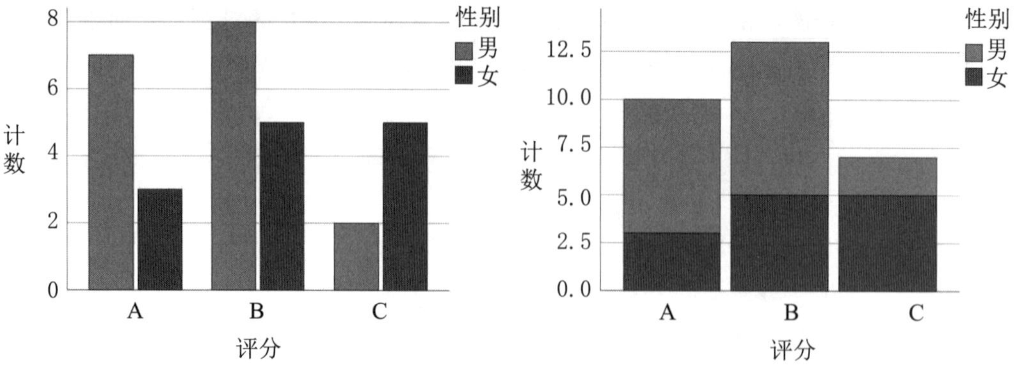

图 19.6　评分类型的簇状条型图和堆积条型图

(4) 绘制饼图。依次选择菜单“图形”→“旧对话框”→“饼图”。“分区定义依据”选择“评分”,如图 19.7 所示。SPSS 运行结果如图 19.8 所示。

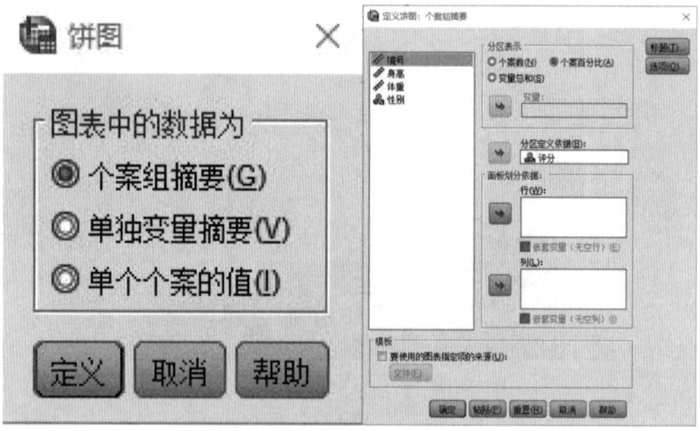

图 19.7　饼图的操作过程

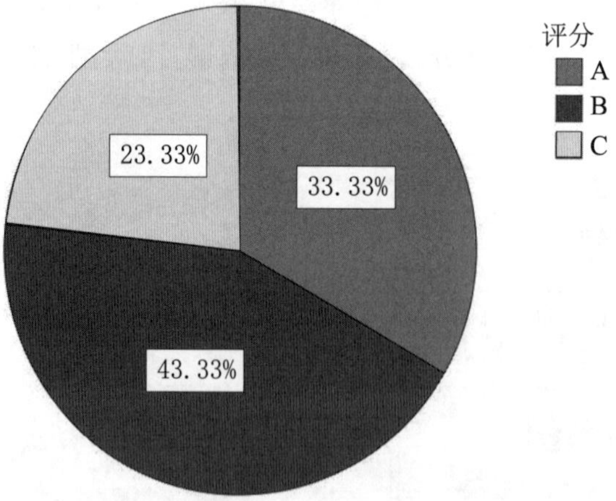

图 19.8　评分类型的饼图

【例 19.2】　沿用例 19.1 的数据。

(1) 绘制身高的直方图。

(2) 绘制身高的茎叶图。

（3）绘制身高的箱型图。

（4）绘制身高与体重的散点图。

（5）绘制身高与体重的折线图。

解

SPSS操作步骤和结果如下：

（1）绘制身高的直方图。依次选择“图形”→“旧对话框”→“直方图”，将“身高”选入“变量”列表，如图19.9所示。SPSS运行结果如图19.10所示。

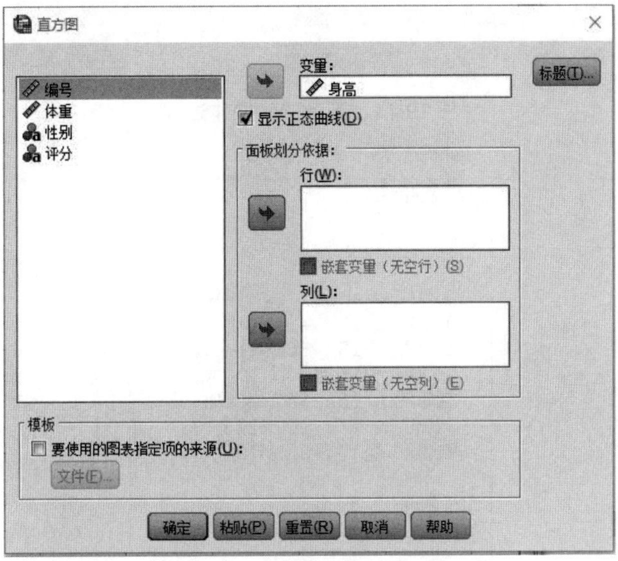

图19.9　直方图的操作过程

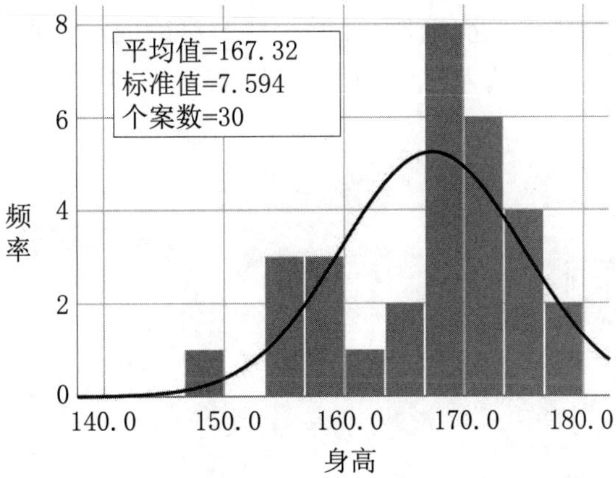

图19.10　身高的直方图

（2）绘制身高的茎叶图。依次选择“分析”→“描述统计”→“探索”，将“身高”选入“因变量列表”，点击“图”按钮在打开的“探索：图”对话框的“描述图”中选择“茎叶图”，如图19.11所示。SPSS运行结果如图19.12所示。

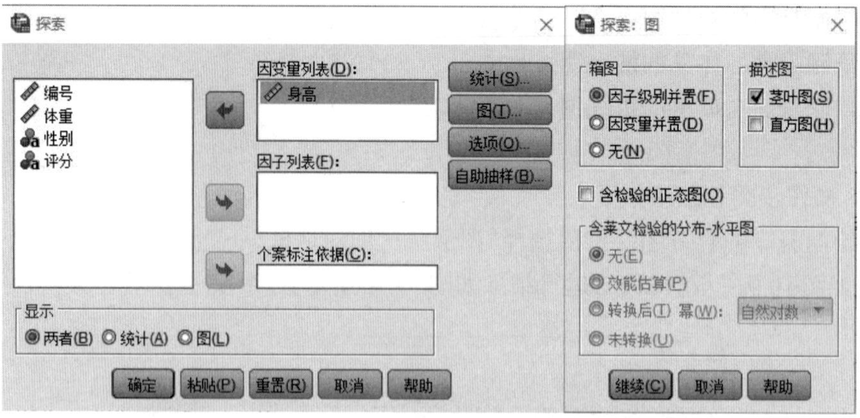

图 19.11 茎叶图的操作过程

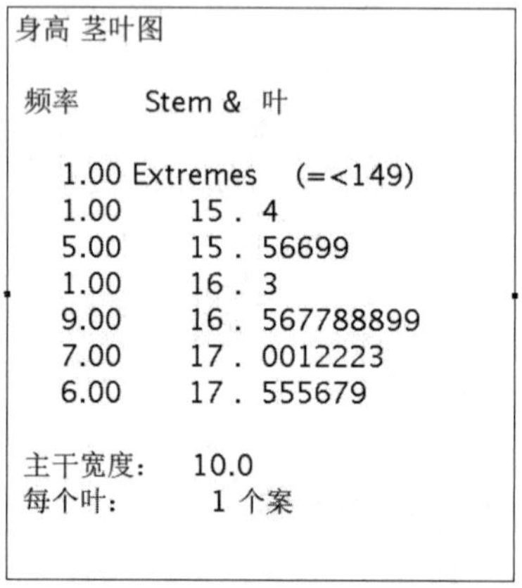

图 19.12 身高的茎叶图

（3）绘制身高的箱型图。依次选择“图形”→“旧对话框”→“箱图”→“简单”→“单独变量的摘要”，将“身高”或“体重”选入“箱表示”，点击“确定”，如图 19.13 所示。SPSS 运行结果如图 19.14 所示。

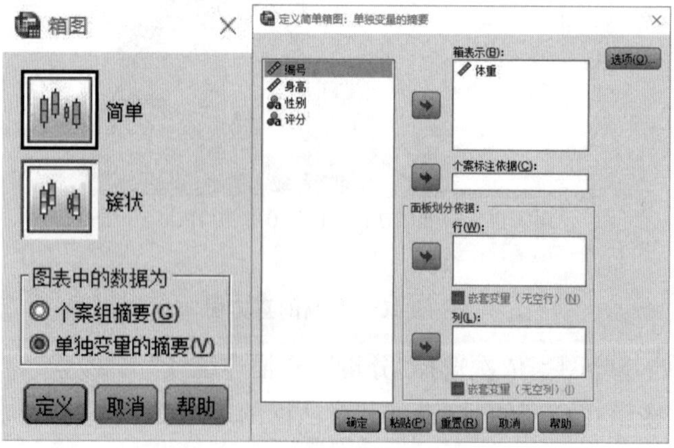

图 19.13 箱型图的操作过程

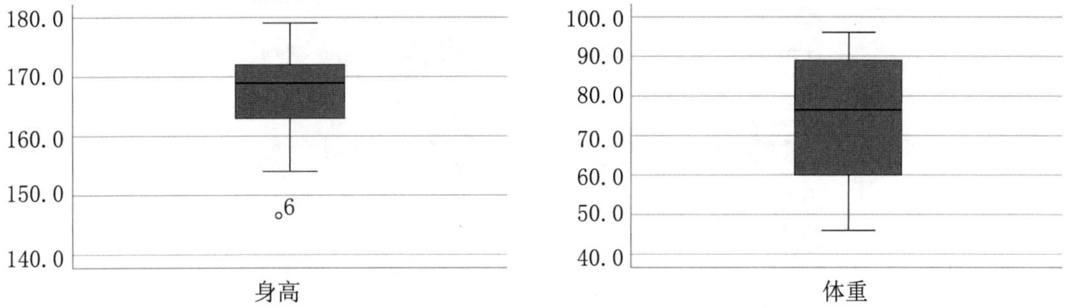

图19.14　身高和体重的箱型图

(4) 绘制身高与体重的散点图。依次选择"图形"→"旧对话框"→"散点图/点图",点击"简单散点图"→"定义",将体重选入"Y轴",身高选入"X轴",如图19.15所示。SPSS运行结果如图19.16所示。

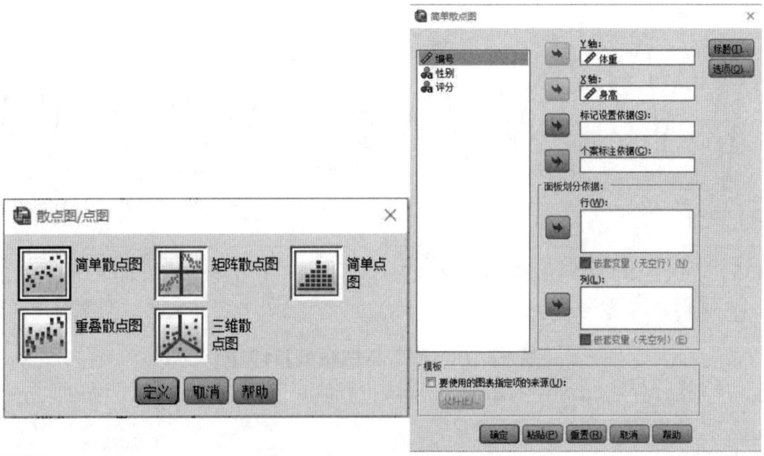

图19.15　散点图的操作过程

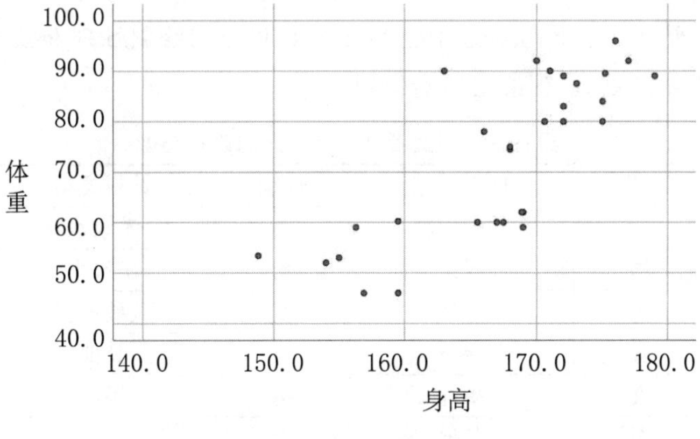

图19.16　身高与体重的散点图

(5) 绘制身高与体重的折线图。依次选择"图形"→"旧对话框"→"折线图"→"简单"→"定义",将"身高"或"体重"选入"折线表示",如图19.17所示。SPSS运行结果如图19.18所示。

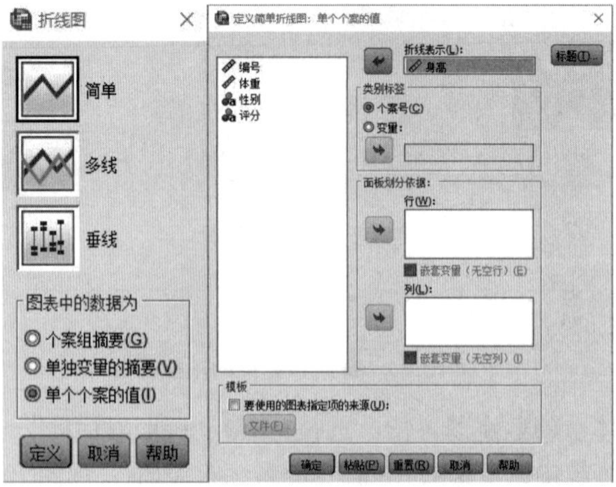

图 19.17　折线图的操作过程

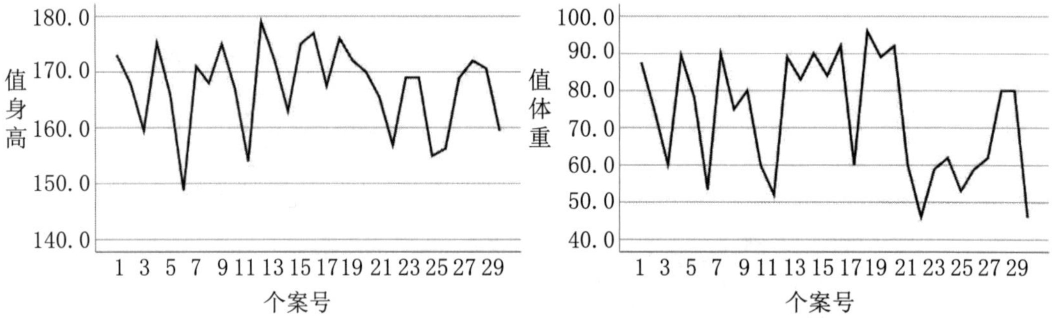

图 19.18　身高与体重的折线图

实验练习

1. 为研究消费者喜好哪种饮料，一家公司随机询问了30名消费者。表19.2记录了消费者性别及喜好的饮料类型。请根据表19.2所示的数据分别绘制性别和饮料类型的简单条型图、帕累托图、簇状条型图、堆积条型图和饼图。

表 19.2　消费者性别及喜好的饮料类型

性别	饮料类型	性别	饮料类型
女	碳酸饮料	女	矿泉水
男	绿茶	男	矿泉水
男	矿泉水	女	碳酸饮料
女	绿茶	男	其他
女	果汁	男	果汁
男	其他	女	绿茶
男	果汁	男	果汁
女	果汁	男	碳酸饮料
女	其他	女	绿茶
女	绿茶	男	绿茶

续表

性别	饮料类型	性别	饮料类型
男	碳酸饮料	女	果汁
女	碳酸饮料	男	绿茶
男	其他	女	果汁
男	碳酸饮料	男	绿茶
男	果汁	女	碳酸饮料

2. 表19.3所示为某班级英语测验结果。请根据表19.3数据绘制英语得分的直方图、箱型图、折线图。

表19.3　某班级智商测验得分

学号	得分	学号	得分	学号	得分
1	119	11	107	21	103
2	98	12	85	22	114
3	95	13	110	23	129
4	118	14	94	24	105
5	88	15	108	25	103
6	94	16	92	26	97
7	105	17	113	27	102
8	102	18	108	28	102
9	97	19	122	29	97
10	108	20	107	30	108

3. 请根据表19.4所示数据，利用SPSS绘制x与y的散点图。

表19.4　x与y的数值

x	10	9	11	12	15	16	8	7	10
y	3.01	2.83	2.92	3.09	3.98	3.89	2.21	2.39	2.74
x	15	13	11	9	6	8	10	12	7
y	3.36	3.54	3.01	3.09	2.48	2.56	3.36	3.18	2.65

实验20　用统计量描述数据实验

实验目的

1. 理解并掌握描述水平的统计量，如均值、中位数、众数等，以便准确地描述数据的集中趋势和离散程度。

2. 学习并应用描述差异的统计量，如标准差、方差等，以便评估数据之间的差异性和稳定性。

3. 探索并了解描述分布形状的统计量，如偏度、峰度等，以便描绘数据的分布特征和形态。

4. 培养学生对数据的敏感度和好奇心，激发他们对数据分析的兴趣。

基本原理

1. 描述水平的统计量

(1) 均值(Mean)：反映数据的集中趋势，是一组数据所有数值的平均值。

(2) 中位数(Median)：反映数据的集中趋势，是一组数据排序后位于中间的数值。

(3) 众数(Mode)：反映数据的最常出现的数值，适用于分类数据。

2. 描述差异的统计量

(1) 极差(Range)：衡量数据的分布范围，是最大值与最小值的差。

(2) 四分位数(Quartiles)：将数据分为四等份的数值，用于描述数据的离散程度和分布特征。

(3) 四分位差(Interquartile Range)：一组数据在75%位置上的四分位数与25%位置上的四分位数之差，用IQR表示。即 $IQR=Q_{75\%}-Q_{25\%}$

(4) 方差(Variance)：衡量数据的离散程度，是每个数据点与均值差的平方的平均值，反映数据点的波动大小。

(5) 标准差(Standard Deviation)：衡量数据的离散程度，是方差的平方根，反映数据点与均值的偏差程度。

(6) 离散系数(Coefficient of Variation，CV)：也称变异系数，是一组数据的标准差除以相应的均值，可以反映一组数据的相对离散程度，数值越小，说明数据的相对离散程度越小。

(7) 标准分数(Standard Score)：也称 z 分数或标准化值，是某个数值与其均值的差除以标准差后的数值，用于描述一个数值与均值相比相差多少个标准差，其计算公式为

$$z_i = \frac{x_i - \bar{x}}{s}$$

式中,$\bar{x}$为一组数据的均值,s为标准差。

根据标准分数可以判断一组数据中是否存在离群点。经验表明:当一组数据呈对称分布时,约有68%的数据分布在均值±1个标准差的范围内,约有95%的数据在均值±2个标准差的范围内,约有99%的数据分布在均值±3个标准差的范围内。如果一个数据点大于均值+3个标准差,或者小于均值−3个标准差,那么我们通常将其视为离群点。

如果数据不遵循正态分布,那么这些规则可能不适用。在这种情况下,可能需要使用其他方法来识别离群点,如使用四分位数范围(IQR)或箱型图等。这些方法不依赖于特定的分布假设,因此在处理非正态分布的数据时更为稳健。

3. 描述分布形状的统计量

(1) 偏度(Skewness):描述数据分布的对称性,正值表示右偏,负值表示左偏。

(2) 峰度(Kurtosis):描述数据分布的尖峭或平坦程度,正值表示尖峭,负值表示平坦。

在实际问题中,我们将通过收集、整理数据并应用上述统计量来描述数据的特征。这有助于我们更好地理解数据的内在结构和规律,从而为决策和预测提供依据。

示例演示

【例20.1】 表20.1是各地区医疗保健支出的数据,请利用SPSS计算下列问题。

(1) 计算均值、中位数、众数、极差、四分位差和标准差。

(2) 计算5%、25%、50%、75%、95%的分位数。

(3) 计算偏度和峰度系数,并分析数据的分布特点。

表20.1　各地区医疗保健支出

单位:元

地区	医疗保健支出	地区	医疗保健支出
北京	4285.7	湖北	2238.7
天津	3747.6	湖南	2122.2
河北	1983.9	广东	1900.9
山西	1935.2	广西	1752.8
内蒙古	2354.7	海南	1682.9
辽宁	2485.1	重庆	2325.8
吉林	2360.7	四川	2071.9
黑龙江	2475.2	贵州	1368.2
上海	3877.9	云南	1700.1
江苏	2463.4	西藏	781.4
浙江	2498.9	陕西	2264.6
安徽	1783.6	甘肃	1761.4
福建	1768.5	青海	1938.1
江西	1693.8	宁夏	2126.6

续表

地区	医疗保健支出	地区	医疗保健支出
山东	2015.5	新疆	1990.7
河南	1786.8		

解

SPSS操作步骤和结果如下：

依次选择“分析”→“描述统计”→“频率”，将 “医疗保健支出”选入“变量”列表。点击“统计量”选择所需要的描述统计量，如图20.1所示，点击“继续”回到主对话框，点击“确定”。SPSS运行结果如表20.2所示。

极差＝4285.7－781.4＝3504.3

四分位差 IQR＝$Q_{75\%}-Q_{25\%}$＝2360.7－1768.5＝592.2

偏度＝1.476>0，说明数据呈右偏分布；峰度＝3.226>0，说明数据呈尖峰分布，相对集中。

图20.1 计算描述统计量的操作过程

表20.2 医疗保健支出统计结果

个 案 数	有效	31
	缺失	0
平均值	2178.8	
中位数	2015.5	
众数	781.4	
标准 偏差	700.35	
偏度	1.476	
偏度标准误差	0.421	
峰度	3.226	
峰度标准误差	0.821	
最小值	781.4	
最大值	4285.7	

续表

百分位数	5	1133.48
	25	1768.5
	50	2015.5
	75	2360.7
	95	4041.02

【例20.2】 表20.3所示为某班级期末考试语文、数学、英语三门课程的成绩。

(1) 计算语文、数学、英语三门课程成绩的变异系数。

(2) 计算语文、数学、英语三门课程成绩的标准分数。

表20.3　某班级语、数、外课程的成绩

序号	语文	数学	英语	序号	语文	数学	英语
1	75	83	74	16	97	88	88
2	67	77	64	17	62	61	75
3	67	62	76	18	77	88	79
4	76	87	74	19	78	85	63
5	79	53	87	20	74	84	85
6	83	81	94	21	68	86	67
7	74	85	72	22	53	77	64
8	88	84	83	23	79	84	85
9	85	82	78	24	74	97	75
10	61	71	61	25	83	73	84
11	91	83	97	26	58	76	49
12	84	89	73	27	72	93	73
13	69	48	84	28	65	67	73
14	93	96	71	29	59	83	72
15	72	55	62	30	94	83	93

解

SPSS操作步骤和结果如下：

(1) 计算变异系数。依次选择“分析”→“描述统计”→“频率”，将“语文”“数学”“英语”选入“变量”列表。点击“统计量”选择“平均值”和“标准差”，如图20.2所示，点击“继续”回到主对话框，再点击“确定”。SPSS运行结果如表20.4所示。

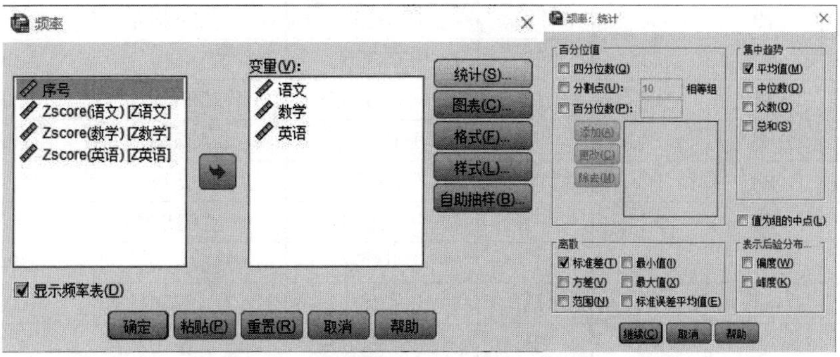

图20.2　计算描述统计量的操作过程

$CV_{语文}=11.258/75.23\approx0.1496$

$CV_{数学}=12.446/78.7\approx0.1581$

$CV_{英语}=10.911/75.83\approx0.1439$

表20.4　语文、数学、英语成绩的统计量

学　科		语文	数学	英语
个案数	有效	30	30	30
	缺失	0	0	0
平均值		75.23	78.7	75.83
标准 偏差		11.258	12.446	10.911

（2）计算标准分数。依次选择“分析”→“描述统计”→“描述”→“将标准化值另存为变量”，如图20.3所示。SPSS将标准化后的变量以“Z”开头存放在原始变量工作表中，结果如表20.5所示。

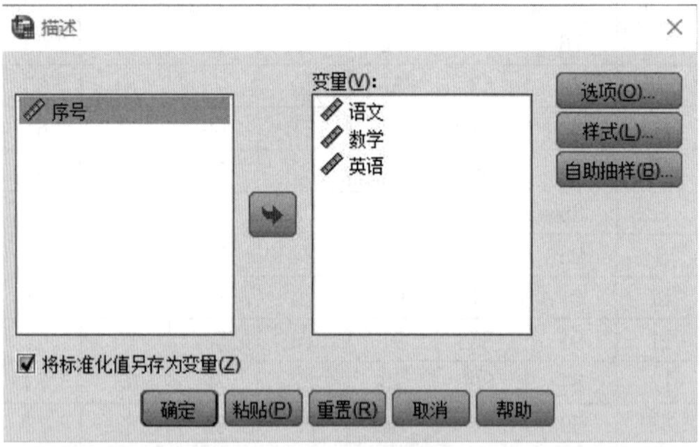

图20.3　计算标准分数的操作过程

表20.5　语文、数学和英语的标准分数

	语文	数学	英语	Z语文	Z数学	Z英语
1	75	83	74	−0.02073	0.34549	−0.16803
2	67	77	64	−0.73135	−0.13659	−1.08458
3	67	62	76	−0.73135	−1.34178	0.01528
4	76	87	74	−0.06810	0.66687	−0.16803
5	79	53	87	0.33458	−2.06489	1.02347
6	83	81	94	0.68990	0.18480	1.66505
7	74	85	72	−0.10955	0.50618	−0.35134
8	88	84	83	1.13403	0.42583	0.65686
9	85	82	78	0.86755	0.26514	0.19858
10	61	71	61	−1.26431	−0.61866	−1.35954
11	91	83	97	1.40052	0.34549	1.94002
12	84	89	73	0.77872	0.82756	−0.25969
13	69	48	84	−0.55369	−2.46662	0.74851

续表

	语文	数学	英语	Z语文	Z数学	Z英语
14	93	96	71	1.57817	1.38999	−0.44300
15	72	55	60	−0.28721	−1.90420	−1.26789
16	97	88	88	1.93348	0.74722	1.11513
17	62	61	75	−1.17549	−1.42213	−0.07638
18	77	88	79	0.15693	0.74722	0.29024
19	78	85	63	0.24576	0.50618	−1.17623
20	74	84	85	−0.10955	0.42583	0.84016
21	68	86	67	−0.64252	0.58653	−0.80961
22	53	77	64	−1.97494	−0.13659	−1.08458
23	79	84	85	0.33458	0.42583	0.84016
24	74	97	75	−0.10955	1.47033	−0.07638
25	83	73	84	0.68990	−0.45797	0.74851
26	58	76	49	−1.53080	−0.21693	−2.45939
27	72	93	73	−0.28721	1.14895	−0.25969
28	65	67	73	−0.90900	−0.94005	−0.25969
29	59	83	72	1.44197	0.34549	0.35134
30	94	83	93	1.66700	0.34549	1.57340

实验练习

1. 已知10名15岁中学生身高、体重数据如表20.6所示。身体质量指数（BMI=kg/m^2），即体重（kg）除以身高（m）的平方。利用SPSS计算：

（1）男生身体质量指数的均值和标准差。

（2）女生身体质量指数的均值和标准差。

表20.6　10名15岁中学生身高、体重数据

学号	1	2	3	4	5	6	7	8	9	10
性别	男	男	男	男	男	女	女	女	女	女
身高(cm)	166	169	170	165.1	172	159.4	161.3	158	158.6	169
体重(kg)	57	58.5	51	58	55	44.7	45.4	44.3	42.8	51.5

2. 某商场随机抽取50名会员，调查他们某月的消费金额，结果如表20.7所示。

表20.7　随机抽取50名消费者的消费金额

单位：元

序号	金额	序号	金额	序号	金额	序号	金额	序号	金额
1	344	7	1107	13	1802	19	1253	25	1816
2	878	8	838	14	905	20	840	26	1224
3	1004	9	921	15	928	21	1148	27	1416
4	1166	10	928	16	939	22	1110	28	1247
5	1540	11	1309	17	789	23	2270	29	513
6	1200	12	981	18	645	24	1133	30	1481

续表

序号	金额	序号	金额	序号	金额	序号	金额	序号	金额
31	916	35	1492	39	935	43	576	47	289
32	602	36	990	40	1135	44	877	48	1380
33	1062	37	1299	41	729	45	570	49	657
34	522	38	528	42	1018	46	957	50	1423

请利用SPSS计算下列问题。

(1) 计算均值、中位数、众数、极差、四分位差和标准差。

(2) 计算5%、25%、50%、75%、95%的分位数。

(3) 计算偏度和峰度系数,并分析数据的分布特点。

3. 随机抽取15名工人分别用三种方法组装某一种产品。表20.8所示为15名工人分别用3种方法在相同时间内组装的产品数量(单位:个)。

(1) 计算15名工人分别用三种方法组装的产品数量的变异系数。

(2) 计算15名工人分别用三种方法组装的产品数量的标准分数。

表20.8 3种方法组装产品个数

工号	方法A	方法B	方法C
1	125	129	164
2	126	130	167
3	126	129	168
4	127	130	165
5	126	131	170
6	128	130	165
7	127	129	164
8	126	127	168
9	127	128	164
10	127	128	162
11	125	127	163
12	126	128	166
13	116	128	167
14	126	125	166
15	125	132	165

实验21　正态性检验实验

实验目的

1. 了解正态性检验的方法和原理。
2. 掌握正态性检验的SPSS操作步骤。
3. 培养严谨的科学态度和实证精神。
4. 树立数据分析和处理意识，提高数据处理能力。

基本原理

正态分布(Normal Distribution)在1733年首次提出，后由德国数学家高斯(Gauss)率先将其应用于天文学研究，因此正态分布也被称为“高斯分布”。正态分布是很多连续型数据比较分析的前提，比如*t*检验、方差分析、相关分析和线性回归等，均要求数据服从正态分布或近似正态分布。

利用观测数据判断总体是否服从正态分布的检验称为正态性检验，它是统计判决中一种重要的特殊的拟合优度假设检验。判断数据是否为正态分布的常用方法有图示法和统计检验法。图示法主要有直方图、Q-Q图(Quantile-Quantile)、P-P(Probability-Probability)图等。统计检验法主要有夏皮洛-威尔克检验(简称S-W检验)和柯尔莫戈洛夫-斯米诺夫检验(简称K-S检验)。

数据的正态性检验包括两大类，一类是单样本正态性检验，另一类是多样本正态性检验。

1. 图示法

(1) 基于直方图的检验。

当直方图的分布形状接近或近似一个倒扣“钟”形的对称形状时，即其峰度和偏度均近似为0，则可认为数据服从正态分布。

(2) 基于Q-Q图、P-P图的检验。

Q-Q图，即分位数-分位数图。在Q-Q图中，横坐标是正态分位数，纵坐标是实际数据的分位数。其思想是：比较理论分位数和实际分位数的差距，如果理论分位数和实际分位数没什么差别，那么图中所有的点应该都在一条直线上；如果差别大，就会偏离直线较远。因此，利用Q-Q图判断正态性的原则是，如果图中的点大致呈一条从左下至右上的直线，则可以认为是正态的。

P-P图的思想跟Q-Q图差不多，只不过不是用分位数，而是用累积概率。它比较理论正态分布的累积概率与样本数据的累积概率，其横坐标为理论的累积概率分布，纵坐标为样本数据的累积概率分布。显然，如果二者吻合，则应该是一条从左下至右上的直线。如果偏离直线较远，则说明样本数据不服从正态分布。

2. 统计检验法

(1) 夏皮洛-威尔克检验，其思想是基于偏度和峰度，适合于小样本(小于50)数据的分析。峰度通俗来讲就是反映分布形状是否平坦。偏度则反映分布形状是否对称。也就是说，峰度和偏度分别从上下和左右两个维度来说明分布是否符合正态分布。正态分布的峰度和偏度均为0。如果峰度大于0则提示为尖峰，如果峰度小于0则提示为平坦峰。如果偏度大于0则提示为右偏态(正偏态)，如果偏度小于0则提示为左偏态(负偏态)。S-W检验反映了基于峰度和偏度对正态分布的偏离程度，该值介于0和1之间，越接近1，说明越符合正态分布；越接近0，说明越偏离正态分布。

(2) 柯尔莫戈洛夫-斯米诺夫检验基于拟合优度的思想，一般样本量大于50的时候可以采用。计算理论正态分布与基于数据得到的正态分布之间的差异，即正态分布应该有一种形状，而实际数据又有一种形状，比较这两个形状是不是一样的。先求出正态分布的累积概率函数，然后看一下样本数据与该函数的差别有多大。如果二者的差别较小，则说明样本数据的分布接近正态分布，可认为服从正态分布；如果差别较大，则说明样本数据可能不服从正态分布。

示例演示

【例21.1】 某医生在某社区随机选取30名健康的成年男子，在静息状态下，检测30名男子的脉搏次数(单位：次/分)：68、79、74、82、67、77、87、65、63、73、59、77、83、73、70、71、72、69、67、82、72、73、84、76、81、69、71、71、75、76。检验该组数据是否符合正态分布？

解

SPSS操作步骤和结果如下：

依次选择“分析”→“描述统计”→“探索”，将“脉搏次数”选入“因变量列表”。点击“图”，选择“直方图”(也可以通过选择“图形”→“旧对话框”→“直方图”)，勾选“含检验的正态图”，点击“继续”和“确定”，如图21.1所示。输出直方图如图21.2所示，Q-Q图如图21.3所示，正态性检验表如表21.1所示。

表21.1 正态性检验

柯尔莫戈洛夫-斯米诺夫(K-S)				夏皮洛-威尔克(S-W)		
脉搏次数	统计	自由度	显著性	统计	自由度	显著性
	0.099	30	0.2	0.987	30	0.963

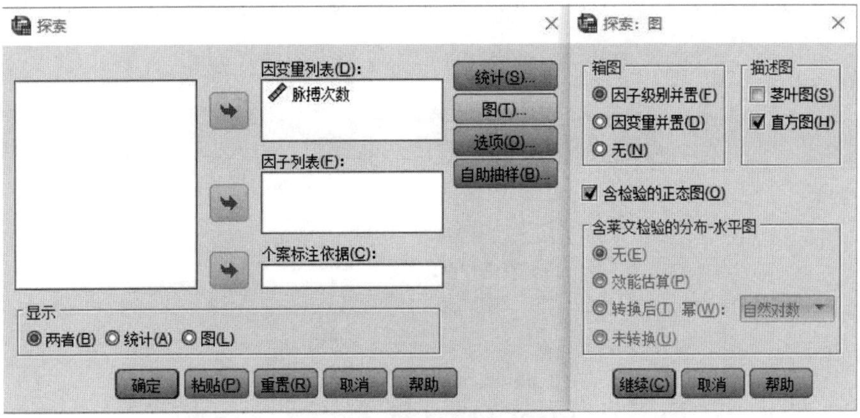

图21.1　直方图的操作过程

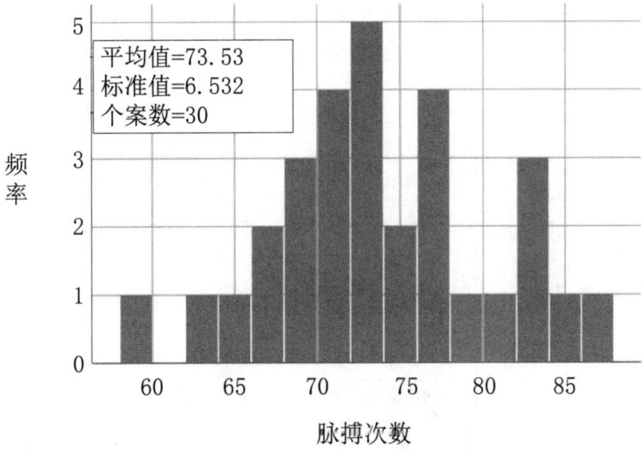

图21.2　脉搏次数的直方图

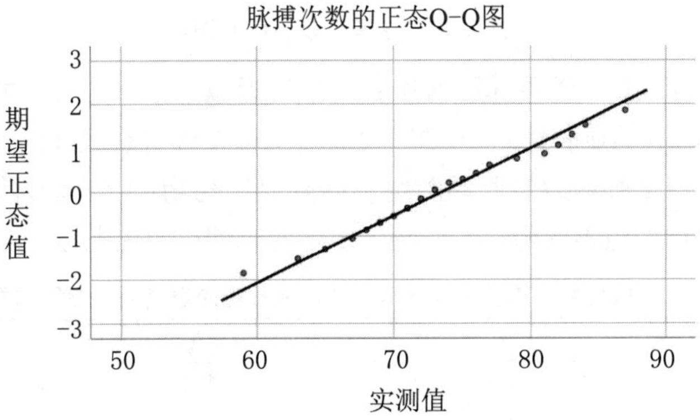

图21.3　脉搏次数的Q-Q图

再依次选择“分析”→“描述统计”→“P-P图”，将“脉搏次数”选入“变量”列表。在检验分布中选择“正态”，点击“确定”，如图21.4所示。输出结果如图21.5所示。

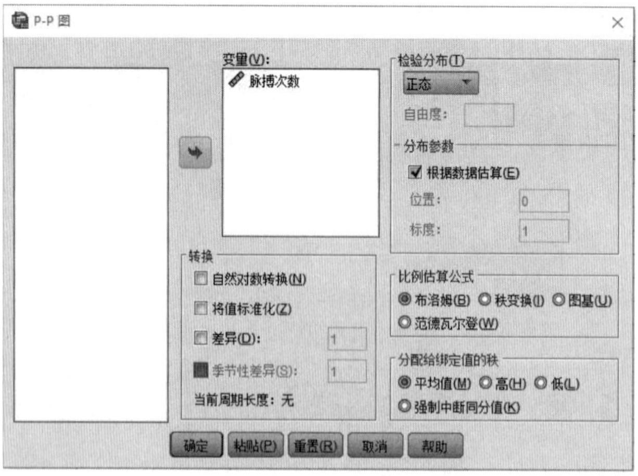

图21.4 P-P图的操作过程

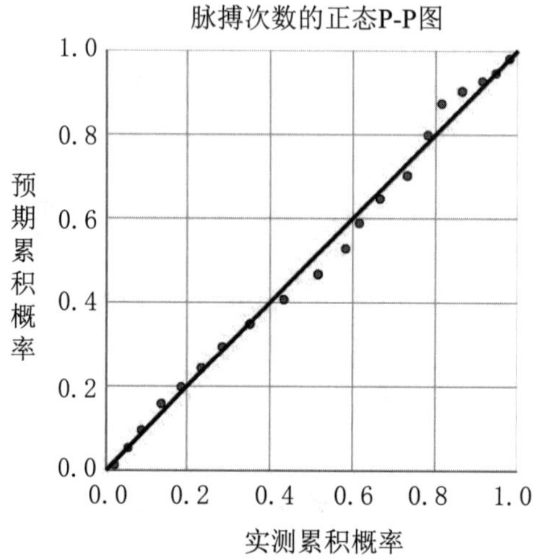

图21.5 脉搏次数的P-P图

由直方图、Q-Q图、P-P图可知脉搏次数的数据近似为正态分布。同时根据夏皮洛-威尔克(S-W)正态性检验的显著性$P=0.963>0.05$，也可以得出数据符合正态分布的结论。

【例21.2】 表21.2所示为是服用两组不同降血压药物(A药和B药)的患者的收缩压(mmHg)数据，问服用两组不同降血压药物的患者的收缩压的正态性情况如何？

表21.2 服用两组不同降血压药物A药和B药的患者的收缩压的数据

药物类型	A	A	A	A	A	A	A	A	A	A	A	A	A
收缩压	120	125	117	129	131	112	126	117	109	140	128	114	121
药物类型	B	B	B	B	B	B	B	B	B	B	B	B	B
收缩压	131	141	132	128	151	130	127	147	115	125	133	143	119

解

SPSS操作步骤和结果如下：

依次选择“分析”→“描述统计”→“探索”，将“收缩压”选入“因变量列表”，“药物类型”选入“因子列表”。点击“图”，选择“直方图”，勾选“含检验的正态图”，点击“继续”和“确定”，如

图21.6所示。输出直方图如图21.7所示，Q-Q图如图21.8所示，正态性检验表如表21.3所示。

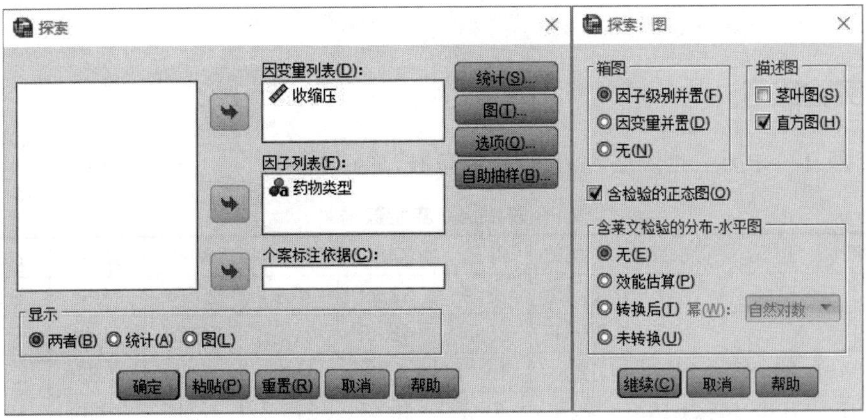

图21.6　直方图的操作过程

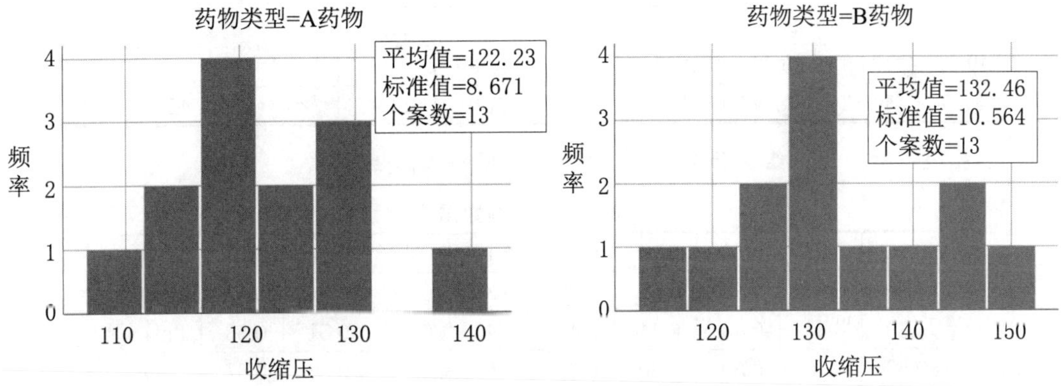

图21.7　A药物和B药物的直方图

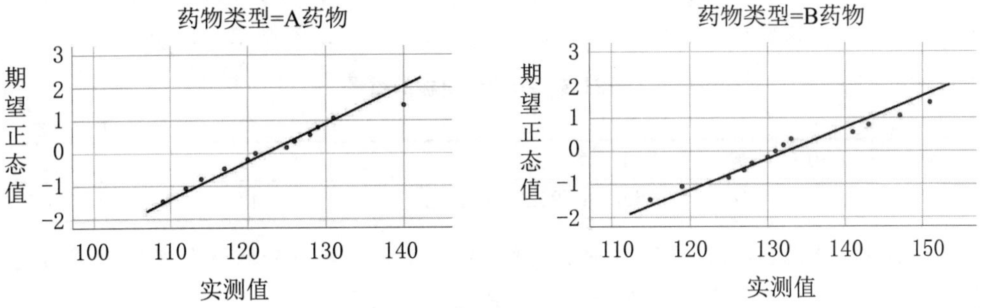

图21.8　A药物和B药物的Q-Q图

表21.3　正态性检验

		柯尔莫戈洛夫-斯米诺夫(K-S)			夏皮洛-威尔克(S-W)		
药物类型		统计	自由度	显著性	统计	自由度	显著性
收缩压	A药物	0.111	13	0.2	0.977	13	0.958
	B药物	0.172	13	0.2	0.967	13	0.858

由直方图、Q-Q图可知A药物和B药物的数据均近似为正态分布。同时根据夏皮洛-威尔克(S-W)正态性检验,两种药物的显著性均大于0.05,也可以得出数据符合正态分布的结论。

实验练习

1. 表21.4所示为一组实验数据,试检验该数据的正态性。

表21.4 实验数据

11.82	16.54	13.17	14.69	21.72	27.12	18.42	8.66	13.52	16.07
1.3	0.45	4.48	19.46	18.39	21.29	26.83	23.76	28.86	0.86
0.79	5.56	4.47	15.31	20.44	12.52	24.56	13.75	21.11	9.55
14.85	23.96	21.5	12.5	13.41	9.72	21.87	1.74	1.83	3.52
21.01	1.87	21.18	27.84	7.25	10.46	27.02	18.24	9.9	16.47
17.02	0.57	0.98	20.72	5.59	13.49	18.56	28.25	26.46	2.29
27.21	6.42	20.09	24.22	22.8	14.12	27.47	28.23	14.37	26.45
7.78	6.52	26.15	17.78	18.64	18.92	25.15	9.86	7.73	14.37
19.21	18.89	5.79	2.96	15.18	17.89	1.61	2.11	24.65	16.9
7.25	14.63	18.56	17.75	13.53	21.01	14.92	25.3	24.42	8.95

2. 表21.5所示为一组实验数据,试检验该数据的正态性。

表21.5 实验数据

0.00	0.02	0.04	0.06	0.08	0.10	0.12	0.14	0.16	0.18
0.20	0.22	0.24	0.26	0.28	0.30	0.32	0.34	0.36	0.37
0.39	0.41	0.43	0.44	0.46	0.48	0.50	0.51	0.53	0.54
0.56	0.58	0.59	0.60	0.62	0.63	0.65	0.66	0.67	0.69
0.70	0.71	0.72	0.74	0.75	0.76	0.77	0.78	0.79	0.80

3. 某企业生产的20块金属板的重量如表21.6所示,试检验该组数据是否服从正态分布。

表21.6 20块金属板的重量

单位:kg

22.6	27.0	26.2	25.8	22.2	26.6	25.3	30.4	23.2	28.1
23.1	28.6	27.4	26.9	24.2	23.5	24.5	24.9	26.1	23.6

4. 将出生4周的20只老鼠随机分成两组,分别投喂高蛋白和低蛋白饲料,8周后观察它们的体重。问两种不同饲料组别的老鼠体重是否符合正态分布?

表21.7 两种不同饲料组别的老鼠体重

单位:g

高蛋白组	133	145	112	138	99	157	126	121	139	106	115
低蛋白组	118	75	106	87	94	110	102	124	130		

5.某研究评估咖啡因对运动员心肌血流量的影响,先后测量了12名男性志愿者在饮用咖啡前后运动状态下的心肌血流量,详细数据如表21.8所示。请检验其正态性。

表21.8　12名男性在饮用咖啡前后运动状态下的心肌血流量

单位:mL/min

序号	1	2	3	4	5	6	7	8	9	10	11	12
饮用前	4.8	5.1	6.4	5.7	5.6	5.3	5.1	4.9	4.7	3.5	5.2	5.3
饮用后	4.8	4.9	4.5	5.4	4.7	3.8	4.1	3.2	3	3.2	5.3	5.1

6. 表21.9所示为研究得到的对照组和治疗组的实验数据,请分析该数据的正态性。

表21.9　对照组和治疗组的实验数据

治疗组	26	25	23	21	20	21	23	26	22	19	28	26	25	24	30	27
对照组	18	19	21	22	24	25	26	28	29	30	22	24	25	18	19	29

实验22　t检验实验

实验目的

1. 掌握单样本t检验的原理及SPSS操作步骤。
2. 掌握独立样本t检验的原理及SPSS操作步骤。
3. 掌握配对样本t检验的原理及SPSS操作步骤。
4. 通过数据分析,促进对数据科学技术的理解和应用,培养读者严谨的科学态度和数据分析能力。

基本原理

t检验,也称student t检验(Student's t test),是一种常用的统计方法,主要用于样本含量较小($n < 30$)、总体标准差σ未知的正态分布。t检验的原理是基于t分布理论进行的统计推断,用于推断样本均值与总体均值是否有显著差异。

t检验包括单样本t检验、独立样本t检验和配对样本t检验。单样本t检验用于检验一个样本的均值与已知的总体均值是否有显著差异;独立样本t检验则用于比较两个独立样本的均值差异;配对样本t检验用于比较同一组个体接受不同处理前后的变化。

1. 适用条件

(1) 独立性。两个样本必须是相互独立的,即一个样本的观测值不应影响另一个样本的观测值。这是进行独立样本t检验的基本前提。

(2) 正态性。两个样本中的数据应当近似正态分布。如果数据不满足正态性,则可能会导致检验结果的偏差。在实际应用中,可以通过正态性检验来验证数据是否符合正态分布。

(3) 方差齐性。传统的独立样本t检验要求两个样本的方差相等,即方差齐性。如果方差不齐,则可能会影响t检验的准确性。不过,在某些情况下,如果方差不齐,那么可以采用校正的t检验,如Welch's t检验或非参数检验方法、Mann-Whitney U检验。

2. 结果解读

t检验的结果通过计算得到的t值与临界值进行比较,如果t值的绝对值大于临界值,则拒绝原假设,认为两组数据之间存在显著的差异;否则,不拒绝原假设,认为两组数据之间没有显著的差异。

3. 其他注意事项

在进行*t*检验时，需要注意样本的大小和分布情况，以及是否满足*t*检验的适用条件。如果不满足条件，则可以考虑使用非参数检验或其他统计方法。

*t*检验的结果应根据实际情况和专业的知识进行解释，避免仅凭统计结果做出结论。

示例演示

【例22.1】（单样本*t*检验）健康人的呼吸次数为20次/分种，表22.1统计了一组心衰病人的呼吸频率，试分析心衰病人的呼吸频率是否不同于健康人。

表22.1　20名心衰病人的呼吸频率

序　号	1	2	3	4	5	6	7	8	9	10
呼吸频率	26	25	24	23	24	24	25	21	22	26
序　号	11	12	13	14	15	16	17	18	19	20
呼吸频率	23	25	24	29	26	27	27	31	25	26

解

SPSS操作步骤和结果如下：

依次选择"分析"→"比较平均值"→"单样本T检验"。在"单样本T检验"窗口中，将"呼吸频率"选入"检验变量"中。在"检验值"中输入20(已知健康人的呼吸次数为20次/分钟)，点"确定"输出结果，操作过程如图22.1所示。

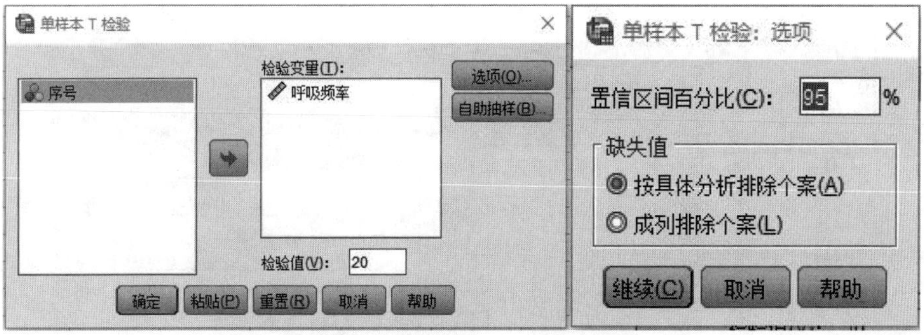

图22.1　单样本*t*检验的操作过程

表22.2所示为单样本*t*检验的结果，Sig.(双尾)是0.000，显著性小于0.05，表明样本的均值与已知总体均值有显著差异，所以心衰病人的呼吸频率与健康人是不同的。

表22.2　单样本*t*检验

检验值 ＝ 20						
	t	自由度	Sig.(双尾)	平均值差值	差值 95% 置信区间	
					下限	上限
呼吸频率	10.012	19	0.000	5.15	4.07	6.23

【例22.2】（独立样本*t*检验）为了比较新药与传统药物治疗高血压的效果，某机构进行了一项随机对照试验。高血压患者被随机分配到两组，A组接受新药治疗，B组接受传统药

物治疗。经过一个月的治疗,患者的收缩压数据如表22.3所示。问:新药与传统药物在降低血压方面的效果是否存在显著差异?

表22.3 两组患者的收缩压

序号	A组	B组
1	127	145
2	133	141
3	129	139
4	131	143
5	126	144
6	135	137
7	128	146
8	132	142
9	125	140
10	130	138

解

SPSS操作步骤和结果如下:

首先将两个样本的数据导入SPSS。注意数据格式,以组别为一列,收缩压指标整理为一列。然后依次选择"分析"→"比较平均值"→"独立样本T检验"。将"收缩压"导入"检验变量"列表,将"组别"导入"分组变量"列表。

点击"定义组",将"组1"设置为"A组","组2"设置为"B组",点击"继续"和"确定",如图22.2所示。

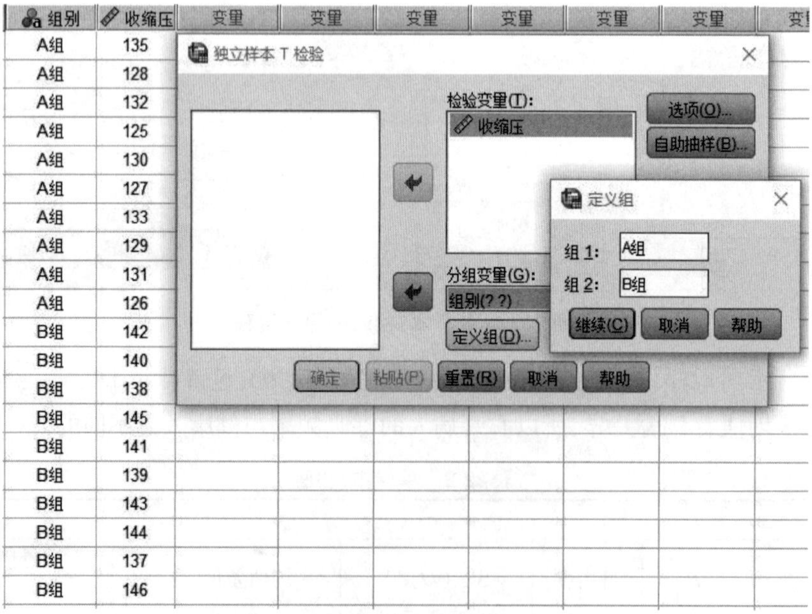

图22.2 独立样本t检验的操作过程

表22.4所示为独立样本t检验的输出结果。"莱文方差等同性检验"中的$P=0.889>0.05$,说明方差具有齐性。因此,在t检验中应查看"假定等方差"对应的双侧Sig值,若

“莱文方差等同性检验”中的$P<0.05$，则应查看“不假定等方差”对应的双侧Sig值。这里$P=0.000<0.05$，说明A组和B组间的收缩压具有显著差异。

表22.4　独立样本*t*检验的输出结果

		莱文方差等同性检验		平均值等同性 *t* 检验						
		F	显著性	*t*	自由度	Sig.（双尾）	平均值差值	标准误差差值	差值95%置信区间	
									下限	上限
收缩压	假定等方差	0.02	0.889	−8.536	18	0.000	−11.9	1.394	−14.829	−8.971
	不假定等方差			−8.536	17.943	0.000	−11.9	1.394	−14.829	−8.971

【例22.3】　（配对样本*t*检验）由10名学生组成一个随机样本，让他们分别采用A和B两套试卷进行测试，成绩如表22.5所示。从样本数据出发，分析两套试卷是否有显著差异。

表22.5　10名学生两套试卷的成绩

A卷	49	68	76	85	55	78	63	72	89	91
B卷	51	55	60	77	39	71	44	61	84	74

解

SPSS操作步骤和结果如下：

依次选择“分析”→“比较平均值”→“成对样本T检验”。在“成对样本T检验”窗口中，分别把“A卷”和“B卷”移到右侧“配对变量”一栏里的变量1和变量2中，点击“确定”，操作过程如图22.3所示。

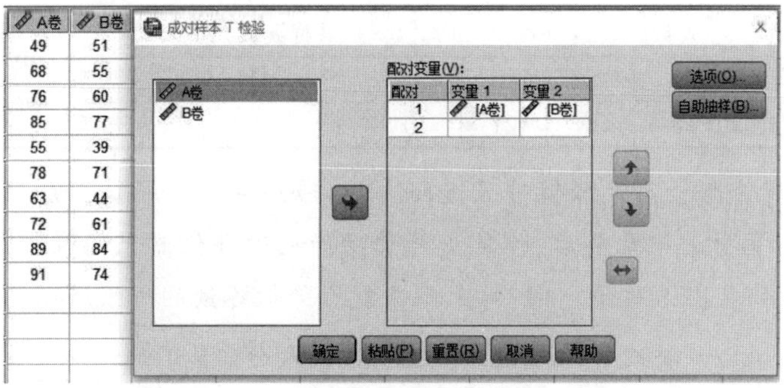

图22.3　配对样本*t*检验的操作过程

表22.6所示为配对样本*t*检验的输出结果，这里将A卷与B卷成绩的差值作为一个新变量。然后进行单样本*t*检验，对应的假设检验误差值是否为0。这里的结果可以看出$P=0.00<0.05$，所以可以认为两套试卷存在显著差异。

表22.6　配对样本*t*检验

		配对差值					*t*	自由度	Sig.（双尾）
		平均值	标准偏差	标准误差平均值	差值95%置信区间				
					下限	上限			
配对 1	A卷−B卷	11	6.532	2.066	6.327	15.673	5.325	9	0.000

实验练习

1. 一家食品厂，每天生产大约8000袋产品，每袋重量规定为100克。为了分析每袋重量是否符合要求，质检部门经常进行抽检。现从某天生产的一批食品中随机抽取了25袋，重量(单位：克)分别为：112.5、101.0、103.0、102.0、100.5、102.6、97.5、95.0、98.8、105.6、100.0、103.5、102.0、101.6、102.2、106.6、95.4、97.8、98.6、105.0、106.8、102.8、101.5、98.4、96.3。问：从抽检数据出发，推断重量均值与100克是否有显著差异？

2. 已知一般无肝肾疾患的健康人群血尿素氮均值为4.882 (mmol/L)，10名脂肪肝患者的血尿素氮(单位：mmol/L)测定值为：6.24、4.26、5.36、8.13、6.96、11.80、5.74、4.37、5.18、8.68。问：脂肪肝患者血尿素氮含量是否不同于健康人？

3. 将某医院科室的心衰病人随机分成两组，然后分别使用两种药物A和B进行治疗，两组患者的呼吸频率如表22.7所示。请分析两种药物治疗的心衰病人的呼吸频率改变值是否有差异？

表22.7　两组患者的呼吸频率改变值

A组	5	4	5	5	1	5	5	4	3	4
B组	4	5	6	7	6	5	4	3	5	2

4. 为观察中成药青黛明矾片对急性黄疸肝炎的退黄效果，现以单用输液保肝的患者作为对照进行完全随机设计的观察，受试对象为黄疸指数在30～50之间的成年患者，观测结果为退黄天数，数据如表22.8所示。试比较中药组与对照组的退黄天数有无差别？

表22.8　急性黄疸肝炎患者的退黄天数

组别	人数	退黄天数							
中药组	7	5	10	14	21	17	8	12	
对照组	8	18	21	30	23	22	22	29	20

5. 为了验证肾上腺素有无降低呼吸道阻力的作用，某机构用12只豚鼠进行支气管灌流法实验，在注入定量肾上腺素前后，豚鼠支气管功能反映在仪器上的灌流速度(每分钟灌流滴数)的测量结果如表22.9所示。问：肾上腺素能否降低豚鼠的呼吸道阻力？

表22.9　豚鼠注入肾上腺素前后每分钟灌流滴数

豚鼠号	1	2	3	4	5	6	7	8	9	10	11	12
用药前	30	38	48	48	60	46	26	58	46	48	44	46
用药后	48	50	52	52	58	64	56	54	54	58	36	54

6. 为了研究某些家庭的消费信心值的变化，这些家庭当年及半年后的消费信心值的数据如表22.10所示。问：该组家庭当年及半年后的消费信心值是否存在显著差异？

表22.10　某组家庭当年及半年后的消费信心值

家庭号	1	2	3	4	5	6	7	8	9	10	11	12
信心值	93	85	109	78	101	124	70	117	70	109	109	117
半年后信心值	78	85	117	78	93	132	78	93	132	62	93	124

7.为了研究一种新型运动饮料是否有助于提高运动员的跑步成绩,随机抽取20名运动员做实验。传统碳水化合物饮料组作为对照组,新型运动饮料作为实验组。实验数据如表22.11所示。试判断新型运动饮料是否有助于提高运动员的跑步成绩?

表22.11　新型运动饮料、传统运动饮料与运动员的跑步成绩

单位:km

运动员号	1	2	3	4	5	6	7	8	9	10
对照组	10.58	10.89	10.17	11.61	11.79	9.72	10.8	11.79	10.58	10.98
实验组	10.53	11.16	10.31	11.79	11.88	9.81	10.98	12.02	10.76	11.12
运动员号	11	12	13	14	15	16	17	18	19	20
对照组	11.66	12.38	10.08	10.76	11.07	11.75	11.25	12.15	11.43	11.93
实验组	11.7	12.38	10.22	11.07	11.35	11.75	11.39	12.24	11.52	12.11

实验23　方差分析实验

实验目的

1. 理解方差分析的实际含义及原理。

2. 熟练掌握方差分析的SPSS操作步骤，并根据输出结果进行分析。

3. 培养学生的创新意识和创新能力，鼓励学生敢于尝试新方法、新思路，不断探索和发现新的规律和现象。

基本原理

方差分析是在20世纪20年代由英国统计学家Ronald A. Fisher在进行实验设计时为解释实验数据而首先引入的，是分析类别自变量对数值因变量影响的一种统计方法。方差分析的目的是通过数据分析找出对该事物有显著影响的因素、各因素之间的交互作用、显著影响因素的最佳水平等。方差分析是在可比较的数组中，把数据间的总的“变差”按指定的变差来源进行分解的一种技术。对变差的度量采用离差平方和。方差分析方法就是从总离差平方和中分解出可追溯到指定来源的部分离差平方和，这是一个很重要的思想。经过方差分析，若拒绝了检验假设，则说明多个样本总体均值不相等或不全相等。若要得到各组均值间更详细的信息，则应在方差分析的基础上进行多个样本均值的两两比较。

方差分析有单因子方差分析和双因子方差分析等。若只考虑一个因子对观测数据的影响，则称为单因子方差分析；若考虑两个类别自变量对数值型因变量的影响，则称为双因子方差分析。

示例演示

【例23.1】 (单因子方差分析)在20块同样面积的土地上分别采用5种不同品种的种子和4种不同的施肥方案进行实验，取得的收获量如表23.1所示，试检验不同施肥方案对收获量的影响是否显著($\alpha=0.05$)。

解

设4种施肥方案对收获量的影响效应分别为α_1、α_2、α_3、α_4。

现提出假设：

$H_0:\alpha_1=\alpha_2=\alpha_3=\alpha_4=0$；

$H_1:\alpha_1$、α_2、α_3、α_4至少一个不为0。

表23.1　品种、施肥方案和收获量数据

品　种	施肥方案			
	A	B	C	D
1	12	9.5	10.4	9.7
2	13.7	11.5	12.4	9.6
3	14.3	12.3	11.4	11.1
4	14.2	14	12.5	12
5	13	14	13.1	11.4

SPSS操作步骤

（1）依次选择“分析”→“一般线性模型”→“单变量”，进入主对话框，数据编辑器如图23.1所示。

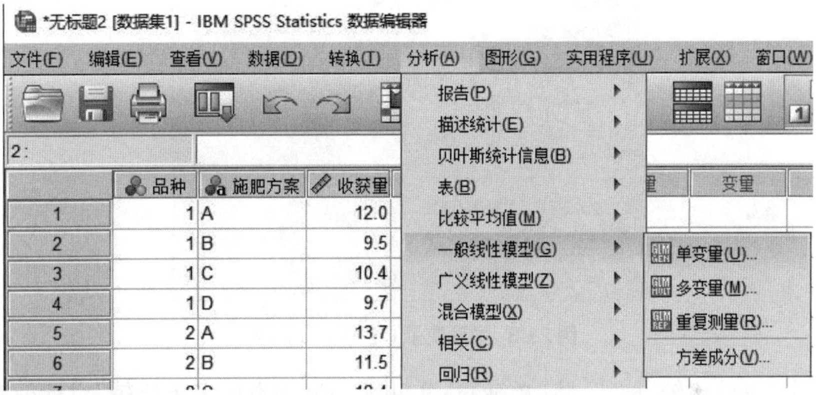

图23.1　“单因子方差分析”对话框

（2）将左侧变量列表中的“收获量”选入因变量列表，将“施肥方案”选入“固定因子”，“单变量”对话框如图23.2所示。

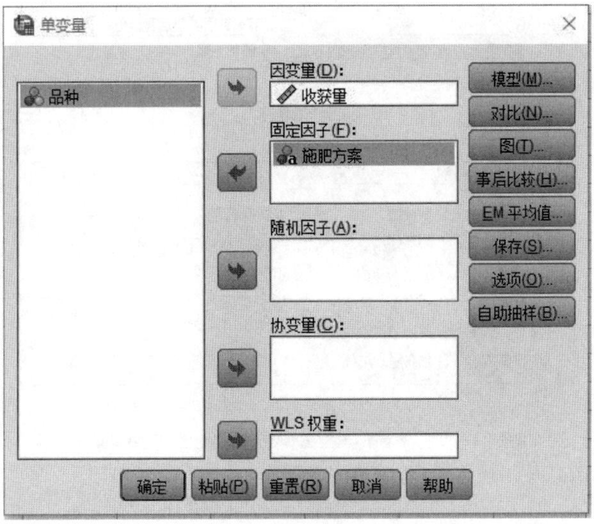

图23.2　“单变量”对话框

(3) 单击“图”按钮，将因子“施肥方案”选入水平轴，点击“添加”按钮，如图23.3所示。

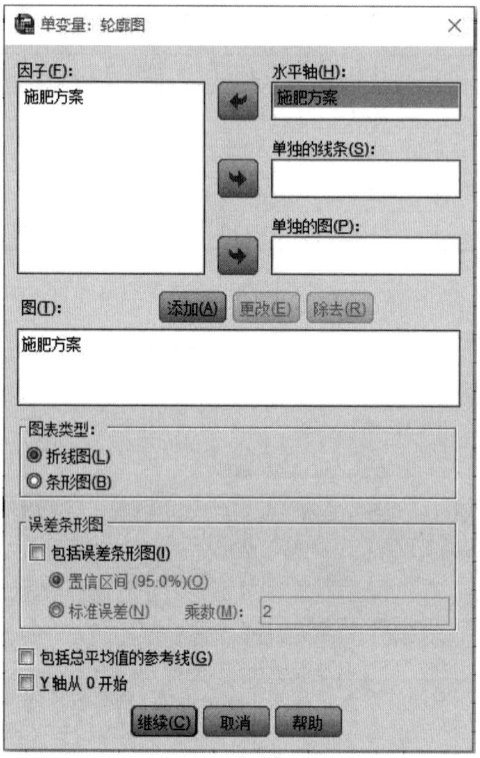

图23.3 “单变量：轮廓图”对话框

(4) 单击“事后比较”按钮，将“单变量：实测平均值的事后多重比较”对话框“因子”栏中的“施肥方案”选入“下列各项的事后检验”，在“假定等方差”栏中选择“LSD”，如图23.4所示。

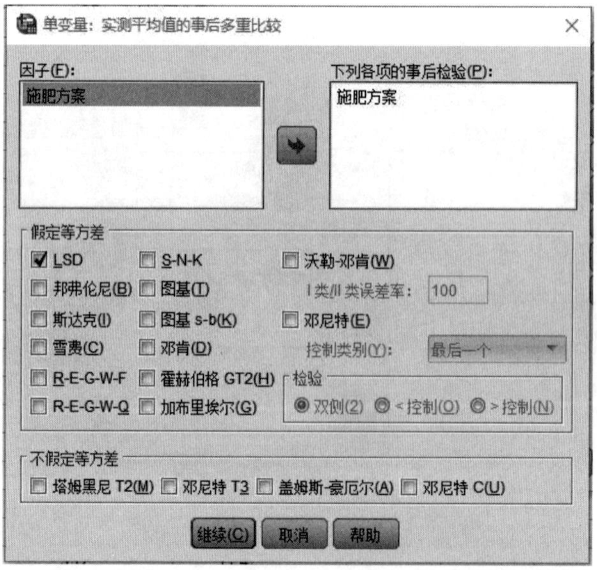

图23.4 “单变量：实测平均值的事后多重比较”对话框

(5) 单击“选项”按钮，在“单变量：选项”对话框显示栏中勾选“描述统计”“参数估算值”“齐性检验”复选框，再单击“继续”。

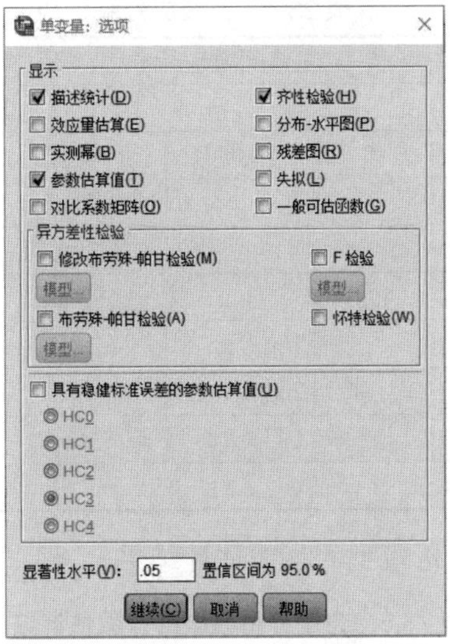

图23.5　“单变量：选项”对话框

SPSS结果分析

(1) 表23.2给出了各样本的数值特征，包括不同施肥方案收获量的平均值、标准差和样本量。

表23.2　描述统计量

描述统计			
因变量：收获量			
施肥方案	平均值	标准偏差	个案数
A	13.44	0.9555	5
B	12.26	1.8876	5
C	11.96	1.0644	5
D	10.76	1.0644	5
总计	12.105	1.5415	20

(2) 表23.3给出了基于不同方法的莱文方差齐性检验，但无论哪种检验，显著性的P值均大于0.05，不拒绝原假设，表明该数据满足方差齐性。

表23.3　方差齐性检验

误差方差的莱文等同性检验[a,b]					
		莱文统计	自由度 1	自由度 2	显著性
收获量	基于平均值	1.04	3	16	0.402
	基于中位数	0.809	3	16	0.507
	基于中位数并具有调整后自由度	0.809	3	13.357	0.511
	基于剪除后平均值	1.014	3	16	0.412
检验“各个组中的因变量误差方差相等”这一原假设。					
a 因变量：收获量；b 设计：截距 ＋ 施肥方案					

(3) 表23.4给出了方差分析表的详细结果。由于显著性$P=0.037<0.05$,因此拒绝原假设,说明施肥方案对收获量有显著性影响。

表23.4 各效应检验

主体间效应检验					
因变量:收获量					
源	Ⅲ 类平方和	自由度	均方	F	显著性
修正模型	18.181[a]	3	6.06	3.596	0.037
截距	2930.621	1	2930.621	1738.725	0.000
施肥方案	18.182	3	6.061	3.596	0.037
误差	26.968	16	1.686		
总计	2975.77	20			
修正后总计	45.149	19			
a $R^2=0.403$(调整后 $R^2=0.291$)					

(4) 表23.5所示为方差分析模型的参数估计结果。

表23.5 方差分析模型的参数估计结果

参数估算值						
因变量:收获量						
参数	B	标准误差	t	显著性	95% 置信区间	
					下限	上限
截距	10.76	0.581	18.532	0.000	9.529	11.991
[施肥方案=A]	2.68	0.821	3.264	0.005	0.939	4.421
[施肥方案=B]	1.5	0.821	1.827	0.086	−0.241	3.241
[施肥方案=C]	1.2	0.821	1.461	0.163	−0.541	2.941
[施肥方案=D]	0[a]	.	.	.	.	.
a 冗余,因此设置为零。						

(5) 图23.6给出了收获量的估算边际均值图。图中给出了各样本的平均值,从中可以观察不同施肥方案均值的差异情况。

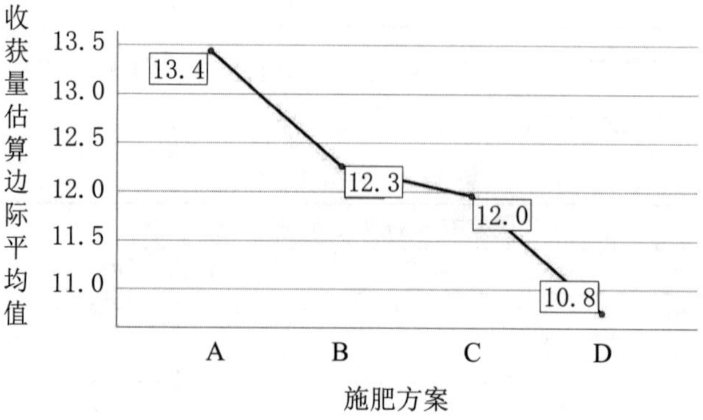

图23.6 收获量的估算边际平均值图

(6) 表23.6所示为方程分析的多重比较。从显著性可以看出,施肥方案A与D有显著性差异,其余施肥方案之间没有显著性差异。

表23.6　方差分析的多重比较

多　重　比　较						
因变量:收获量						
LSD						
(I) 施肥方案	(J) 施肥方案	平均值差值 (I—J)	标准误差	显著性	95% 置信区间	
					下限	上限
A	B	1.18	0.8211	0.17	−0.561	2.921
	C	1.48	0.8211	0.09	−0.261	3.221
	D	2.680*	0.8211	0.005	0.939	4.421
B	A	−1.18	0.8211	0.17	−2.921	0.561
	C	0.3	0.8211	0.72	−1.441	2.041
	D	1.5	0.8211	0.086	−0.241	3.241
C	A	−1.48	0.8211	0.09	−3.221	0.261
	B	−0.3	0.8211	0.72	−2.041	1.441
	D	1.2	0.8211	0.163	−0.541	2.941
D	A	−2.680*	0.8211	0.005	−4.421	−0.939
	B	−1.5	0.8211	0.086	−3.241	0.241
	C	−1.2	0.8211	0.163	−2.941	0.541
基于实测平均值。误差项是均方(误差)= 1.686						
* 平均值差值的显著性水平为 0.05						

【例23.2】 (双因子方差分析)沿用例23.1的数据,试检验不同品种和施肥方案对收获量的影响是否显著($\alpha=0.05$)。

解

设4种施肥方案对收获量的影响效应分别为α_1、α_2、α_3、α_4。

提出假设:

$H_0:\alpha_1=\alpha_2=\alpha_3=\alpha_4=0$;

$H_1:\alpha_1$、α_2、α_3、α_4至少一个不为0。

设5种品种对收获量的影响效应分别为β_1、β_2、β_3、β_4、β_5。

提出假设:

$H_0:\beta_1=\beta_2=\beta_3=\beta_4=\beta_5=0$;

$H_1:\beta_1$、β_2、β_3、β_4、β_5至少一个不为0。

SPSS操作步骤

(1) 依次选择"分析"→"一般线性模型"→"单变量",进入主对话框,数据编辑器如图23.7所示。

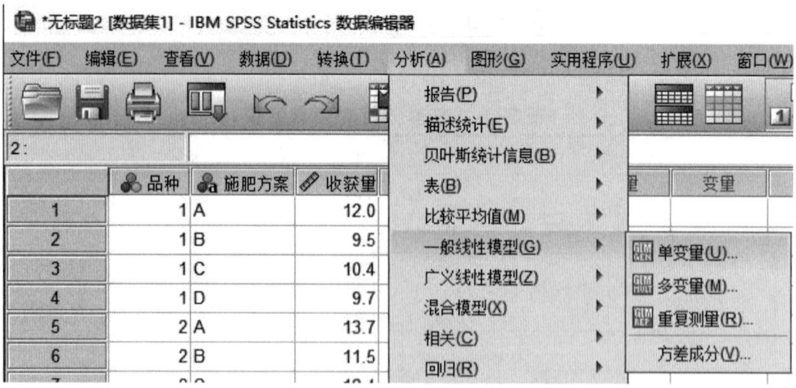

图 23.7 “双因子方差分析”对话框

(2) 将“单变量”对话框左侧变量列表中的“收获量”选入因变量列表,将“品种”“施肥方案”选入“固定因子”,如图 23.8 所示。

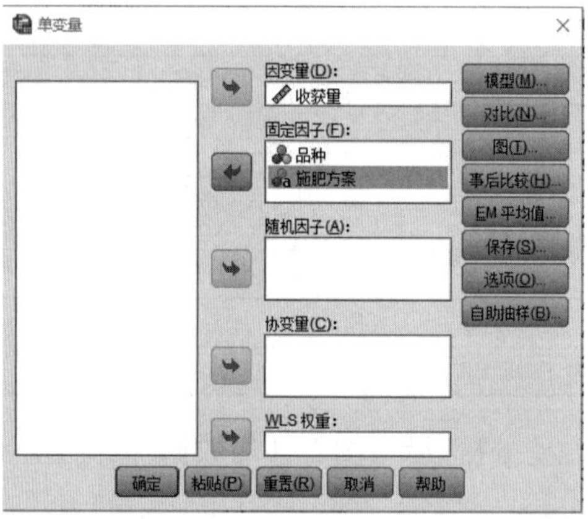

图 23.8 “单变量”对话框

(3) 单击“模型”按钮,在“单变量:模型”对话框中选中“构建项”,将“因子”栏中的“品种”“施肥方案”选入“模型”。在“构建项”下选择类型为“主效应”(若想考虑交互效应的影响,则可选择“交互”),点击继续,如图 23.9 所示。

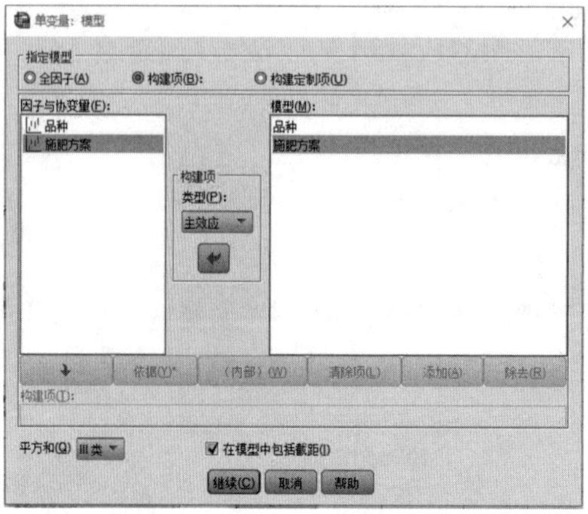

图 23.9 “单变量:模型”对话框

（4）单击“图”按钮，将“单变量：轮廓图”对话框“因子”栏中的“品种”选入“水平轴”，“施肥方案”选入“单独的线条”，点击添加按钮，如图23.10所示。

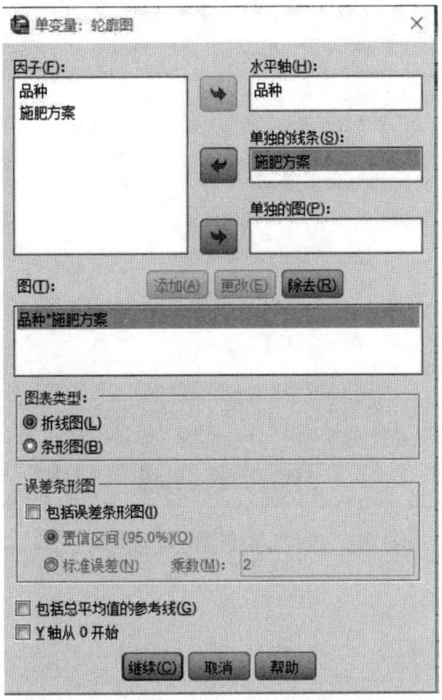

图23.10　“单变量：轮廓图”对话框

（5）单击“事后比较”按钮，将“单变量：实测平均值的事后多重比较”对话框“因子”栏中的“品种”“施肥方案”选入“下列各项的事后检验”，选择“假定等方差”栏中的“LSD”，如图23.11所示。

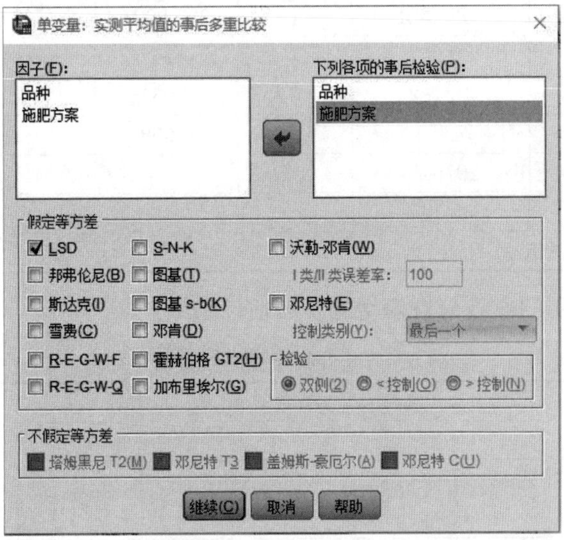

图23.11　“单变量：实测平均值的事后多重比较”对话框

（6）单击“选项”按钮，在“单变量：先项”中勾选“描述统计”“参数估算值”“齐性检验”等复选框，单击“继续”，如图23.12所示。

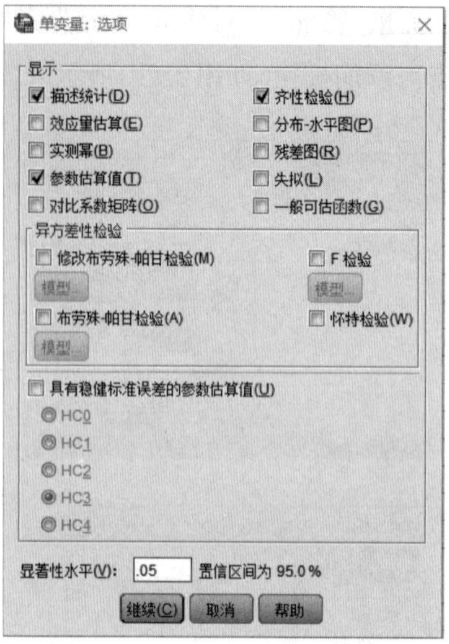

图23.12 “单变量:选项”对话框

SPSS结果分析

(1) 表23.7给出了双因子方差分析表的详细结果。由于两个因子检验的显著性水平均小于0.05,拒绝原假设,说明品种和施肥方案对收获量均有显著性影响。

表23.7 各效应检验

主体间效应检验

因变量:收获量

源	Ⅲ 类平方和	自由度	均方	F	显著性
修正模型	37.248[a]	7	5.321	8.082	0.001
截距	2930.621	1	2930.621	4451.012	0.000
品种	19.067	4	4.767	7.24	0.003
施肥方案	18.182	3	6.061	9.205	0.002
误差	7.901	12	0.658		
总计	2975.77	20			
修正后总计	45.149	19			

a $R^2 = 0.825$(调整后 $R^2 = 0.723$)

(2) 表23.8是所用的方差分析模型的参数估计结果。

表23.8 方差分析模型的参数估计结果

参数估算值

因变量:收获量

参数	B	标准误差	t	显著性	95% 置信区间	
					下限	上限
截距	11.53	0.513	22.467	0.000	10.412	12.648
[品种=1]	−2.475	0.574	−4.314	0.001	−3.725	−1.225
[品种=2]	−1.075	0.574	−1.874	0.086	−2.325	0.175
[品种=3]	−0.6	0.574	−1.046	0.316	−1.85	0.65

续表

参数	B	标准误差	t	显著性	95% 置信区间	
					下限	上限
[品种=4]	0.3	0.574	0.523	0.611	−0.95	1.55
[品种=5]	0[a]	.	.	.	.	.
[施肥方案=A]	2.68	0.513	5.222	0.000	1.562	3.798
[施肥方案=B]	1.5	0.513	2.923	0.013	0.382	2.618
[施肥方案=C]	1.2	0.513	2.338	0.038	0.082	2.318
[施肥方案=D]	0[a]	.	.	.	.	.

a 冗余,因此设置为零

(3) 表23.9所示为对品种的多重比较结果(施肥方案的多重比较见表23.6)。从表23.9可以看出,品种2与3、2与5、3与4、3与5的显著性水平均大于0.05,说明差异不显著,而其他品种之间存在显著性差异。

表23.9　方差分析的多重比较

多　重　比　较

因变量:收获量

LSD

(I)品种	(J)品种	平均值差值(I−J)	标准误差	显著性	95%置信区间	
					下限	上限
1	2	−1.400*	0.5738	0.031	−2.65	−0.15
	3	−1.875*	0.5738	0.007	−3.125	−0.625
	4	−2.775*	0.5738	0.000	−4.025	−1.525
	5	−2.475*	0.5738	0.001	−3.725	−1.225
2	1	1.400*	0.5738	0.031	0.15	2.65
	3	−0.475	0.5738	0.424	−1.725	0.775
	4	−1.375*	0.5738	0.034	−2.625	−0.125
	5	−1.075	0.5738	0.086	−2.325	0.175
3	1	1.875*	0.5738	0.007	0.625	3.125
	2	0.475	0.5738	0.424	−0.775	1.725
	4	−0.900	0.5738	0.143	−2.15	0.35
	5	−0.600	0.5738	0.316	−1.85	0.65
4	1	2.775*	0.5738	0.000	1.525	4.025
	2	1.375*	0.5738	0.034	0.125	2.625
	3	0.900	0.5738	0.143	−0.35	2.15
	5	0.300	0.5738	0.611	−0.95	1.55
5	1	2.475*	0.5738	0.001	1.225	3.725
	2	1.075	0.5738	0.086	−0.175	2.325
	3	0.600	0.5738	0.316	−0.65	1.85
	4	−0.300	0.5738	0.611	−1.55	0.95

基于实测平均值。误差项是均方(误差)= 0.658

* 平均值差值的显著性水平为 0.05

(4) 图23.13分别给出了横坐标分别为品种和施肥方案时的收获量的估算边际均值图。

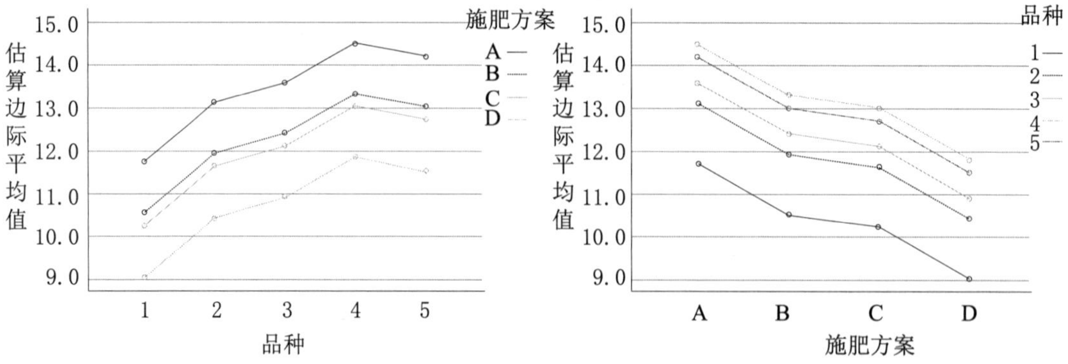

图23.13 收获量的估算边际均值图(只考虑主效应)

实验练习

1. 为了研究单味中药对小白鼠细胞免疫机能的影响,现把40只小白鼠随机分成4组,每组10只,雌雄各半,用药15天后,进行E-玫瑰花结形成率(E-SFC)测试,结果如表23.1所示,试比较3种单味中药的免疫作用是否一样($\alpha=0.05$)?

表23.10 不同中药对小白鼠E-SFC(%)的影响

对照组	党参组	黄芪组	淫羊藿组
14	21	24	35
10	24	20	27
12	18	22	33
16	17	18	29
13	22	17	31
14	19	21	40
12	18	18	35
10	23	22	30
13	20	19	28
9	18	23	35

2. 表23.11所示为某高校学生在某公园4个区域进行土壤含水量的调查数据,每个区域包括3个采样点,利用单因素方差分析对各个区域的含水量进行差异性检验($\alpha=0.05$)。

表23.11 各区域土壤含水量

区域	土壤含水量
1	19.92
1	21.39
1	17.69
2	16.72
2	14.87
2	14.55

续表

区域	土壤含水量
3	17.33
3	19.41
3	21.47
4	23.04
4	21.91
4	20.92

3. 表23.12所示为某农业大学对使用不同肥料的试验数据，对同一农作物的不同试验田分别施用普通钾肥（类型1）、控释肥（类型2）和复合肥（类型3），请利用单因素方差分析不同肥料对试验田产量（公斤/亩）的影响（$\alpha=0.05$）。

表23.12　各类肥料实验对比数据

施肥类型	1	1	1	1	1	1
产量	864	875	891	873	883	859
施肥类型	2	2	2	2	2	2
产量	921	944	986	929	973	963
施肥类型	3	3	3	3	3	3
产量	962	941	985	974	977	938

4. 有三家企业分别生产某种零件，现从每家企业中随机抽取12个零件并检验其寿命（小时），请利用单因素方差分析三家企业的产品寿命是否存在显著差异（$\alpha=0.05$）？

表23.13　各企业产品零件使用寿命

企业	1	1	1	1	1	1	1	1	1	1	1	1
寿命	40	48	38	42	45	43	42	39	48	44	47	43
企业	2	2	2	2	2	2	2	2	2	2	2	2
寿命	26	31	30	34	34	35	29	28	37	32	37	35
企业	3	3	3	3	3	3	3	3	3	3	3	3
寿命	39	41	40	42	41	42	47	50	43	50	48	43

5. 表23.14所示为某林业研究所为比较3种不同土壤对某一种苗木高度的影响，选取了条件基本相同的27株苗木进行试验，利用单因素分析法分析3种土壤对苗高（厘米）的影响是否显著（$\alpha=0.05$）？

表23.14　苗高情况

种类	1	1	1	1	1	1	1	1	1
苗高	12.1	12.3	11.9	12.8	13.1	13.5	21.4	21.2	20.1
种类	2	2	2	2	2	2	2	2	2
苗高	13.3	14	12	14.4	13.5	13.7	19.6	18.8	17.9
种类	3	3	3	3	3	3	3	3	3
苗高	13.3	14.5	13.9	14.8	14.6	14	17.5	16.4	17.5

6. 现有5种不同品种的种子和4种不同的施肥方案，在20块同样面积的土地上，将5种种子和4种施肥方案搭配起来进行试验，土地收获情况如表23.15所示。检验不同品种的种子和施肥方案收获量(千克)的影响是否显著($\alpha=0.05$)?

表23.15　20块土地收获情况

品种	施肥方案			
	1	2	3	4
1	12.0	9.5	10.4	9.7
2	13.7	11.5	12.4	9.6
3	14.3	12.3	11.4	11.1
4	14.2	14.0	12.5	12.0
5	13.0	14.0	13.1	11.4

7. 某家超市连锁店为研究超市所在位置和竞争者数量对其销售额是否有显著影响，将超市位置分成3类(居民区1、商业区2和写字楼3)，竞争者数量分成4类(0个、1个、2个、3个及以上)。表23.16所示为36家门店月销售数据(单位:万元)。试检验超市位置和竞争者数量对销售额是否有显著影响($\alpha=0.05$)?

表23.16　超市月销售额数据

超市位置	竞争者数量			
	0	1	2	3个及以上
1	41	38	59	47
1	30	31	48	40
1	45	39	51	39
2	25	29	44	43
2	31	35	48	42
2	22	30	50	53
3	18	22	29	24
3	29	17	28	27
3	33	25	26	32

8. 已知4名工人操作3台机器，1天的日产量(个)数据如表23.17所示，试问机器和工人对日产量是否有显著影响($\alpha=0.05$)?

表23.17　4名工人操作3台机器的日产量

机器	工人			
	甲	乙	丙	丁
1	50	47	47	53
2	63	54	57	58
3	52	42	41	48

9. 表23.18所示为某集团对旗下3家子公司采用不同的绩效评估方法评估绩效后的产值和利润的数据。试分析3种绩效评估方法对子公司的产值和利润是否有显著影响($\alpha=0.05$)?

表23.18　绩效评估情况

单位:万元

序号	评估方法	产值	利润	序号	评估方法	产值	利润
1	1	63.33	57.33	31	2	77.35	64.35
2	1	68.32	62.32	32	2	69.31	55.31
3	1	86.66	80.66	33	2	61.69	47.69
4	1	52.82	46.82	34	2	64.87	49.87
5	1	75.01	69.01	35	2	75.43	60.43
6	1	57.99	51.99	36	2	59.83	44.83
7	1	69.48	63.48	37	2	89.65	74.65
8	1	32.68	25.68	38	2	59.10	44.10
9	1	60.88	52.88	39	2	76.14	61.14
10	1	58.24	50.24	40	2	74.46	59.46
11	1	45.54	37.54	41	3	82.33	66.33
12	1	44.92	36.92	42	3	89.69	73.69
13	1	67.04	59.04	43	3	81.01	60.01
14	1	62.99	54.99	44	3	85.09	64.09
15	1	66.63	58.63	45	3	74.14	53.14
16	1	65.53	55.53	46	3	75.93	54.93
17	1	59.58	48.58	47	3	74.74	53.74
18	1	85.65	74.65	48	3	81.13	60.13
19	1	64.55	53.55	49	3	76.36	54.36
20	1	83.74	72.74	50	3	81.77	63.77
21	2	72.85	59.85	51	3	83.32	65.32
22	2	88.17	75.17	52	3	81.66	62.66
23	2	80.82	67.82	53	3	71.77	52.77
24	2	71.27	58.27	54	3	81.04	56.04
25	2	81.50	67.50	55	3	78.67	59.67
26	2	47.56	33.56	56	3	74.86	55.86
27	2	81.04	67.04	57	3	77.45	58.45
28	2	81.38	67.38	58	3	79.37	60.37
29	2	82.96	69.96	59	3	73.89	54.89
30	2	75.98	62.98	60	3	81.38	62.38

实验24　线性回归分析实验

实验目的

1. 了解和掌握线性回归分析的基本原理和方法,包括自变量和因变量之间的关系、回归系数的意义等。

2. 通过实践操作,提高学生数据处理和分析的能力。

3. 培养学生的自主学习能力和实践操作能力,提高学生的专业素养和实践能力。

基本原理

线性回归分析是一种预测性的建模方法,根据自变量和因变量的相关关系建立的线性回归方程,衡量自变量对因变量的影响程度,进而预测因变量的发展趋势。根据自变量个数的多少,将线性回归模型分为一元线性回归模型和多元线性回归模型。一元线性回归模型中只含有一个自变量,主要处理一个自变量与一个因变量之间的线性关系。若包含两个或两个以上的自变量,且自变量和因变量之间是线性关系,则称为多元线性回归分析。

一元线性回归的数学模型:

$$y=\beta_0+\beta_1 x+\varepsilon$$

式中,线性部分$\beta_0+\beta_1 x$反映了由自变量x的变化引起因变量y的变化;误差项ε是随机变量,反映了除x和y之间的线性关系之外的随机因素对y的影响;β_0和β_1为模型的参数。

描述因变量y依赖于自变量$x_1,x_2,\cdots,x_n$和误差项ε的方程称为多元线性回归模型,其一般形式为

$$y=\beta_0+\beta_1 x_1+\beta_2 x_2+\cdots+\beta_n x_n+\varepsilon$$

式中,$\beta_i(i=0,1,2,\cdots,n)$是模型的参数,$\varepsilon$是误差项。

模型的假定:

(1) 正态性。ε是一个服从正态分布的随机变量,且期望值为0,即$E(\varepsilon)=0$。

(2) 方差齐性。对于自变量的所有值,ε的方差都相同。

(3) 独立性。对于自变量的一组给定值,它对应的ε与自变量、任意一组其他值对应的ε不相关。

示例演示

【例24.1】 某生产企业考察温度x(℃)对产量y(kg)的影响,测得如表24.1所示的10组数据。试建立y关于x的线性回归方程并检验回归效果是否显著。

表24.1　温度与产量数据

温度(℃)	20	25	30	35	40	45	50	55	60	65
产量(kg)	13.2	15.1	16.4	17.1	17.9	18.7	19.6	21.2	22.5	24.3

SPSS求解步骤

(1) 根据散点图初步判断数据的趋势:依次点击"图形"→"旧对话框"→"散点图/点图"→"简单散点图"。将"产量"选入Y轴,"温度"选入X轴。双击散点图激活,点击"元素"→"总计拟合线"作出线性拟合线。

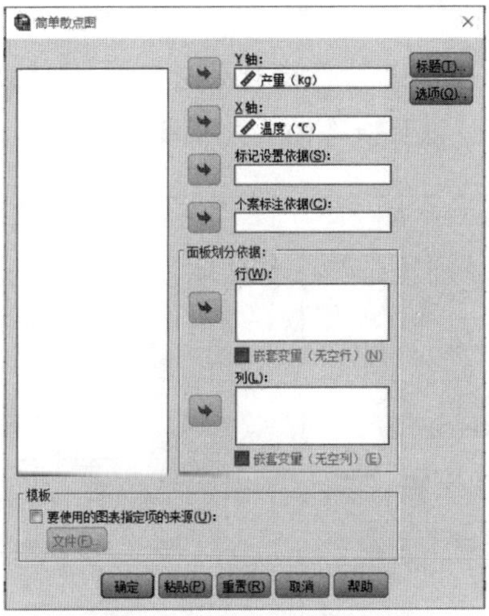

图24.1　"简单散点图"对话框

(2) 在菜单栏中依次选择"分析"→"回归"→"线性"。将"产量"选为因变量,"温度"选为自变量,如图24.2所示。

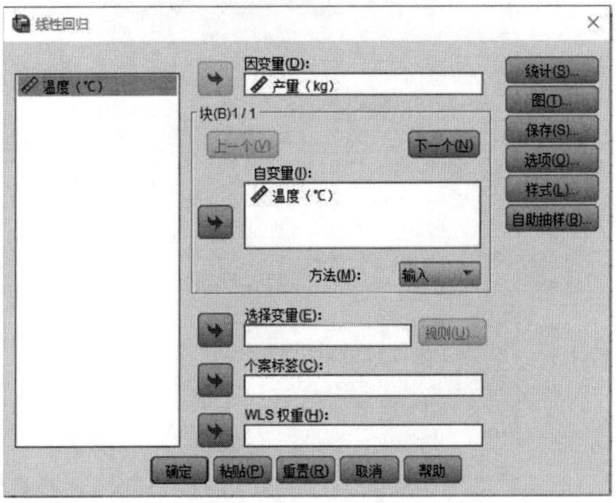

图24.2　"线性回归"对话框

（3）单击“统计”按钮，依次勾选“估算值”“模型拟合”“描述”“德宾-沃森”，然后单击“继续”按钮，如图24.3所示。

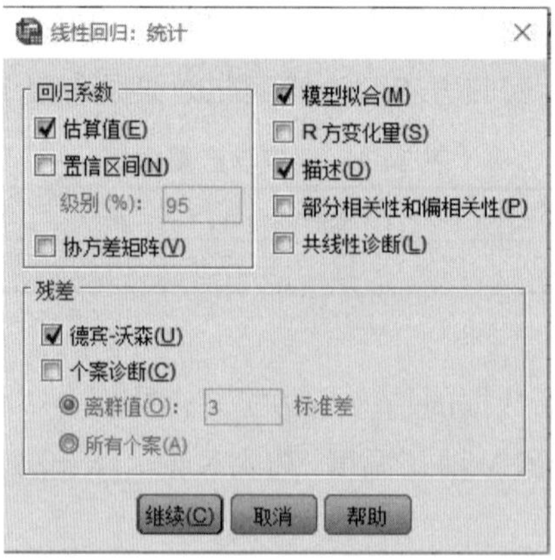

图24.3 “线性回归：统计”对话框

（4）单击“图”按钮，将“ZRESID”（标准化残差）放入Y轴中，将“ZPRED”（标准化预测值）放入X轴中，勾选“直方图”“正态概率图”，然后单击“继续”，如图24.4所示。

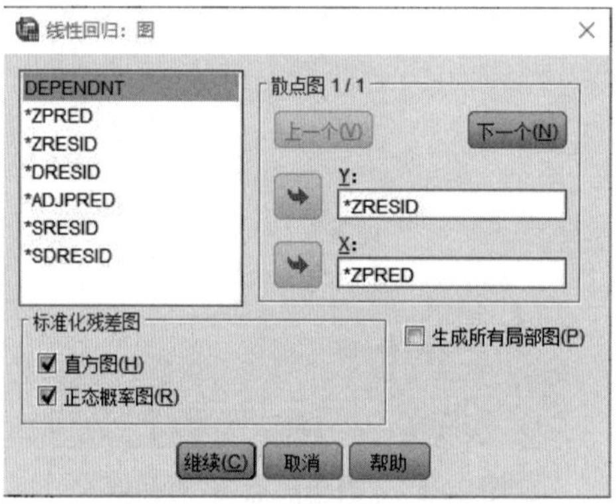

图24.4 “线性回归：图”对话框

（5）单击“选项”按钮，选中“在方程中包含变量”，然后单击“继续”，如图24.5所示。

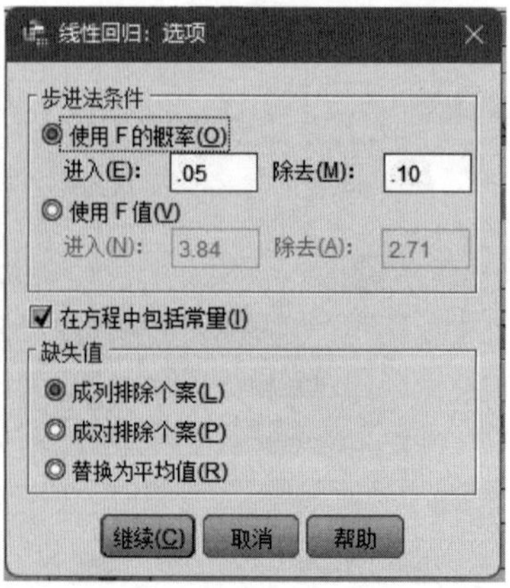

图24.5 “线性回归：选项”对话框

(6) 单击“保存”按钮，依次勾选“预测值”栏中的“未标准化”，“残差”栏中的“未标准化”，“预测区间”栏中的“平均值”“单值”，然后单击“继续”，如图24.6所示。

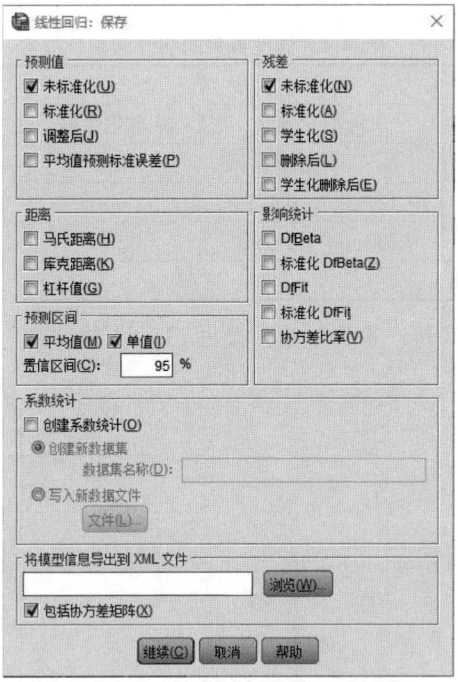

图24.6　“线性回归:保存”对话框

SPSS输出结果分析

(1) 表24.2给出了评价模型的主要检验统计量。从该表可以得到相关系数(R)、决定系数(R^2)、调整后的决定系数(R^2)，估算标准误差和德宾-沃森统计量。

表24.2　模型的主要统计量

模型摘要[b]					
模型	R	R^2	调整后 R^2	标准估算的错误	德宾-沃森
1	0.991[a]	0.982	0.98	0.483	0.968

a 预测变量:(常量)、温度(℃)

b 因变量:产量(kg)

(2) 表24.3所示为回归分析的方差分析表。本次实验中检验统计量F值对应的显著性是0.000[b]，小于显著水平0.05，说明线性模型拟合效果较好。

表24.3　模型的方差分析表

ANOVA[a]						
模型		平方和	自由度	均方	F	显著性
1	回归	102.594	1	102.594	439.831	0.000[b]
	残差	1.866	8	0.233		
	总计	104.46	9			

a 因变量:产量(kg)

b 预测变量:(常量)、温度(℃)

(3) 表24.4所示为模型中参数估计值,包括非标准化回归系数、标准化系数、检验统计量t值及显著性。从该表中可得,温度与产量的估计方程为

$$\hat{y}=9.121+0.223x$$

表24.4 模型参数的估计和检验

系数[a]						
模型		未标准化系数		标准化系数	t	显著性
		B	标准错误	Beta		
1	(常量)	9.121	0.477		19.119	0.000
	温度(℃)	0.223	0.011	0.991	20.972	0.000

a 因变量:产量(kg)

(4) 图24.7所示为温度与产量的散点图及回归直线图。

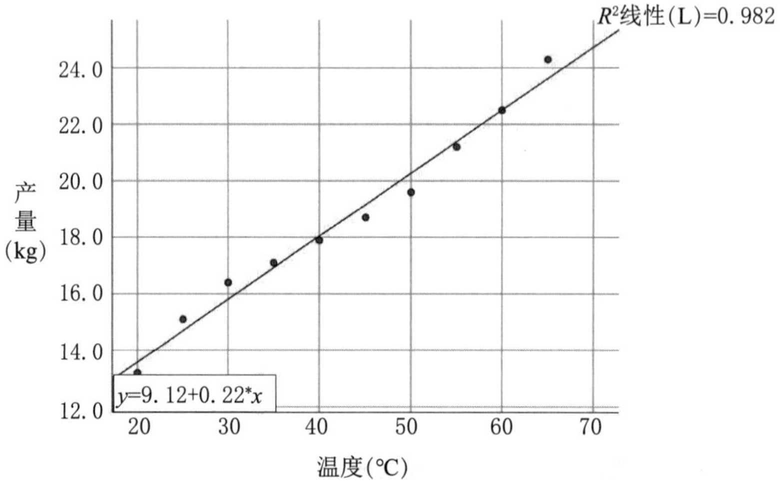

图24.7 温度与产量的散点图及回归直线

(5) 图24.8所示为标准化残差的直方图和正态P-P图。从图中可以看出,数据基本服从正态分布。

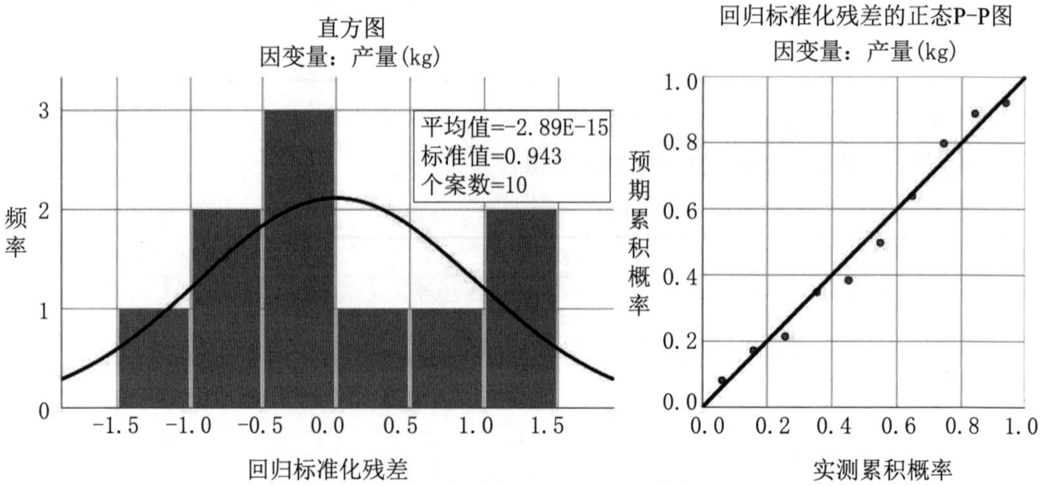

图24.8 标准化残差的直方图和正态P-P图

(6) 图24.9所示为温度与产量回归的标准化残差图。如果ε服从正态分布的假定，那么标准化残差的分布也应服从正态分布且有95%的标准化残差落在[−2,2]。由图可知，所有标准化残差都在[−2,2]之间，说明ε正态性假定成立。

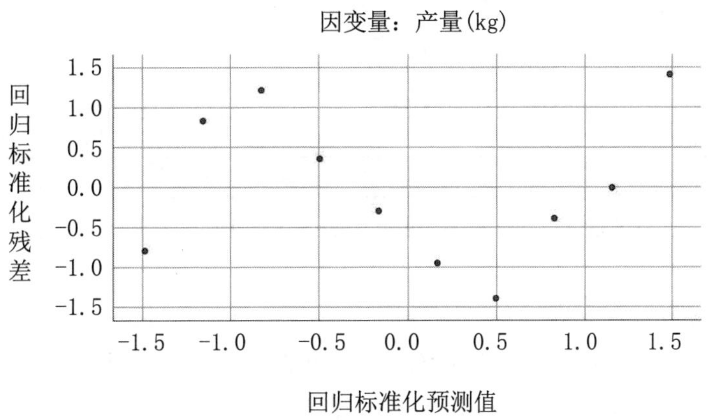

图24.9　温度与产量回归的标准化残差图

(7) 表24.5所示为产量的预测值及残差，其中PRE_1是点估计值(预测值)，RES_1是残差值。

表24.5　产量的预测值及残差

	温度(℃)	产量(kg)	PRE_1	RES_1
1	20	13.2	13.58182	−0.38182
2	25	15.1	14.69697	0.40303
3	30	16.4	15.81212	0.58788
4	35	17.1	16.92727	0.17273
5	40	17.9	18.04242	−0.14242
6	45	18.7	19.15758	−0.45758
7	50	19.6	20.27273	−0.67273
8	55	21.2	21.38788	−0.18788
9	60	22.5	22.50303	−0.00303
10	65	24.3	23.61818	0.68182

【例24.2】 表24.6所示为2008—2019年某省旅游收入及影响因素数据。旅游总收入y(亿元)、接待国内旅游人数x_1(万次)、客运量x_2(万人)、地区生产总值x_3(亿元)、居民消费价格指数x_4(%)、公路通车里程x_5(千米)及A级景区数量x_6(个)，试建立y与x_1、x_2、x_3、x_4、x_5、x_6的多元线性回归模型。

表24.6　2008—2019年某省旅游收入及影响因素数据

年份	y	x_1	x_2	x_3	x_4	x_5	x_6
2008	2641.13	30932.13	484161	35696.46	105.6	185341	72
2009	3068.24	17213.22	428705	39081.59	97.7	188765	95
2010	3809.44	18141.96	467049	43450.20	103.1	190144	111
2011	4835.22	24133.21	522095	52673.59	105.3	190724	140

续表

年份	y	x_1	x_2	x_3	x_4	x_5	x_6
2012	7389.32	23911.55	586299	57067.92	102.8	194943	159
2013	8305.21	26753.13	175109	62163.97	102.5	202915	182
2014	9227.43	29405.81	193363	67792.20	102.3	212094	224
2015	10365.23	30157.42	207345	72812.55	101.5	216023	293
2016	10433.81	35643.31	144262	79512.05	102.3	218085	309
2017	11994.73	40725.42	148549	89879.23	101.5	219580	340
2018	13610.64	45252.79	154682	97277.77	102.2	217699	375
2019	15157.92	53141.02	176040	107671.07	103.4	220290	414

解

SPSS多元线性回归步骤

(1) 依次选择"分析"→"回归"→"线性"。在左侧变量列表中选中"x1""x2""x3""x4""x5""x6"作为自变量,"y"作为因变量,如图24.10所示。

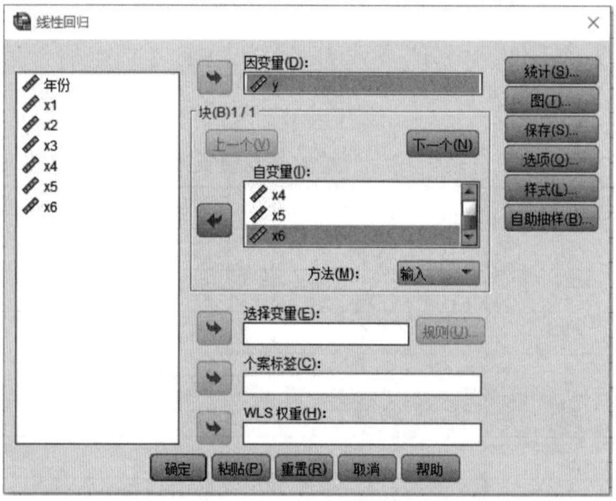

图24.10 "线性回归"对话框

(2) 单击"统计"按钮,弹出"线性回归:统计"对话框,勾选"估算值""置信区间""模型拟合""描述"复选框,然后单击"继续"按钮,如图24.11所示。

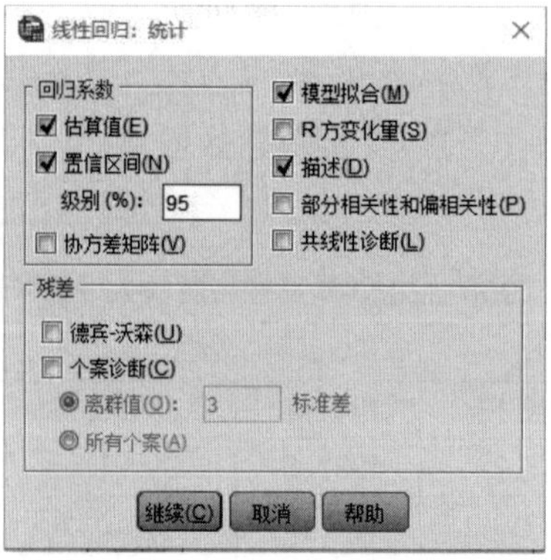

图24.11 "线性回归:统计"对话框

（3）单击“图”按钮，将变量“ZRESID”和“ZPRED”分别选入Y轴和X轴。在“标准化残差图”栏中勾选“直方图”“正态概率图”，单击“继续”按钮，如图24.12所示。

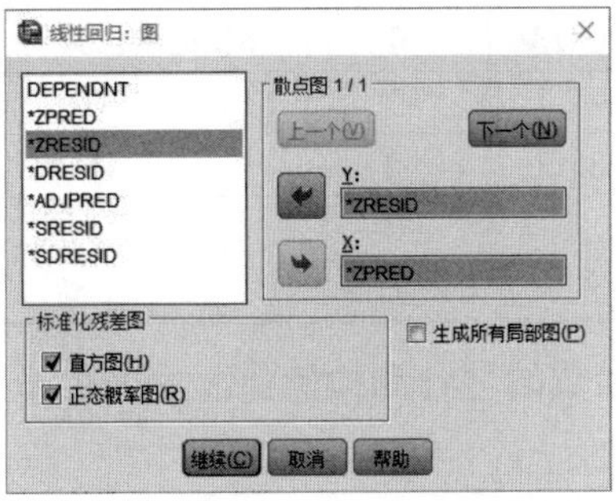

图24.12　“线性回归：图”对话框

（4）单击“保存”按钮。在“预测值”栏中勾选“未标准化”，在“残差”栏中勾选“未标准化”，在“预测区间”栏中勾选“平均值”“单值”，单击“继续”按钮。如图24.13所示。

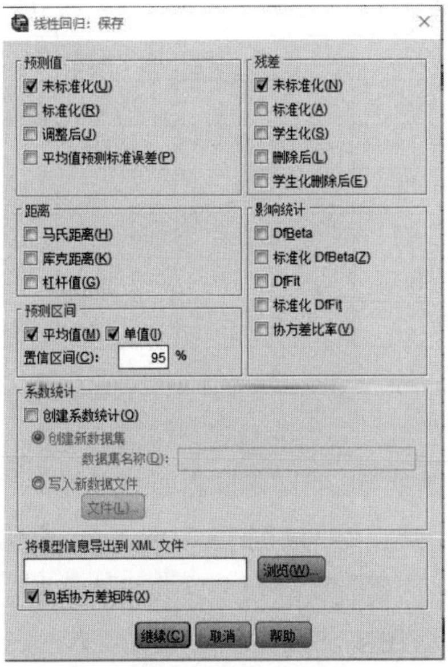

图24.13　“线性回归：保存”对话框

输出结果分析

（1）表24.7所示为模型的主要统计量。

表24.7　模型的主要统计量

模型摘要[b]				
模型	R	R^2	调整后 R^2	标准估算的错误
1	0.993[a]	0.987	0.971	712.48263

a 预测变量：(常量)、x_6、x_4、x_2、x_1、x_5、x_3

b 因变量：y

（2）表24.8所示为模型的方差分析表。F检验表明，y与6个自变量之间的线性关系是显著的。

表24.8　模型的方差分析表

ANOVA[a]						
模型		平方和	自由度	均方	F	显著性
1	回归	188290813	6	31381802.24	61.82	0.000[b]
	残差	2538157.5	5	507631.502		
	总计	190828971	11			

a 因变量:y

b 预测变量:(常量)、x_6、x_4、x_2、x_1、x_5、x_3

(3) 表24.9所示为模型参数的估计和检验值。由表24.9的结果可得到y与6个自变量的多元线性回归的估计方程为

$$\hat{y}=-27055.64+0.002x_1+0.002x_2+0.205x_3-28.776x_4+0.138x_5-18.904x_6$$

表24.9　模型参数的估计和检验

系　数[a]								
模型		未标准化系数		标准化系数	t	显著性	B 的 95.0% 置信区间	
		B	标准错误	Beta			下限	上限
1	(常量)	−27055.64	20597.3		−1.314	0.246	−80002.566	25891.29
	$x1$	0.002	0.064	0.005	0.028	0.979	−0.163	0.167
	$x2$	0.002	0.004	0.084	0.569	0.594	−0.007	0.011
	$x3$	0.205	0.073	1.144	2.815	0.037	0.018	0.393
	$x4$	−28.776	145.71	−0.014	−0.197	0.851	−403.335	345.783
	$x5$	0.138	0.099	0.461	1.39	0.223	−0.117	0.393
	$x6$	−18.904	20.123	−0.53	−0.939	0.391	−70.633	32.825

a 因变量:y

多重共线性诊断

由表24.8得知,F检验表明y与6个自变量之间的线性关系是显著的。但表24.9所示的t检验表明只有β_3是显著的,其余5个回归系数均不显著,说明一些自变量的贡献与另外一些自变量的贡献相互重叠了。这就需要进行多重共线性诊断。

多重共线性诊断只需在上述多元线性回归的第2步中选择"共线性诊断"即可,如图24.14所示。

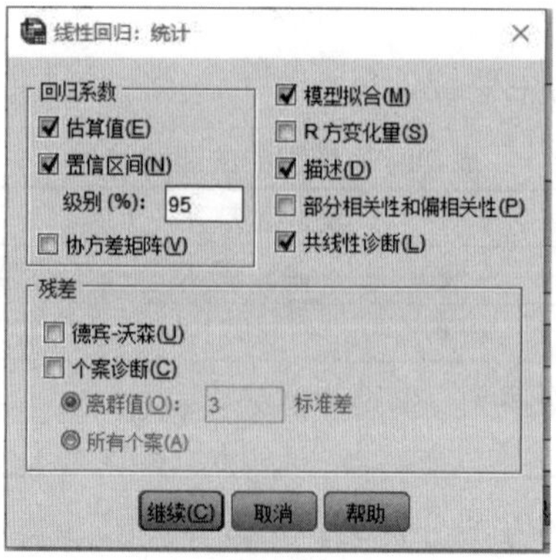

图24.14　"线性回归:统计"对话框

表24.10所示为各变量之间的相关系数及检验结果，相关系数越大，多重共线性可能性就越大。

表24.10　相关系数及检验

		y	x_1	x_2	x_3	x_4	x_5	x_6
皮尔逊相关性	y	1	0.87	−0.797	0.988	−0.076	0.949	0.981
	x_1	0.87	1	−0.67	0.901	0.181	0.785	0.885
	x_2	−0.797	−0.67	1	−0.775	0.26	−0.897	−0.804
	x_3	0.988	0.901	−0.775	1	−0.047	0.931	0.99
	x_4	−0.076	0.181	0.26	−0.047	1	−0.178	−0.098
	x_5	0.949	0.785	−0.897	0.931	−0.178	1	0.957
	x_6	0.981	0.885	−0.804	0.99	−0.098	0.957	1
显著性（单尾）	y	.	0.000	0.001	0.000	0.408	0.000	0.000
	x_1	0.000	.	0.009	0.000	0.287	0.001	0.000
	x_2	0.001	0.009	.	0.002	0.207	0.000	0.001
	x_3	0.000	0.000	0.002	.	0.442	0.000	0.000
	x_4	0.408	0.287	0.207	0.442	.	0.29	0.381
	x_5	0.000	0.001	0.000	0.000	0.29	.	0.000
	x_6	0.000	0.000	0.001	0.000	0.381	0.000	.

表24.11给出了共线性诊断的统计值，包括容差和方差扩大因子VIF。容差越小，VIF越大，多重共线性越严重。通常认为容差小于0.1、VIF大于10时，存在严重的多重共线性。由表24.11所示的容差和VIF数据可知，变量之间存在严重的多重共线性。

表24.11　模型参数的估计和检验

系　数[a]

模型		未标准化系数		标准化系数	t	显著性	B的95.0%置信区间		共线性统计	
		B	标准错误	Beta			下限	上限	容差	VIF
1	（常量）	−27055.64	20597.3		−1.314	0.246	−80002.566	25891.29		
	x_1	0.002	0.064	0.005	0.028	0.979	−0.163	0.167	0.096	10.439
	x_2	0.002	0.004	0.084	0.569	0.594	−0.007	0.011	0.122	8.171
	x_3	0.205	0.073	1.144	2.815	0.037	0.018	0.393	0.016	62.092
	x_4	−28.776	145.71	−0.014	−0.197	0.851	−403.335	345.783	0.544	1.837
	x_5	0.138	0.099	0.461	1.39	0.223	−0.117	0.393	0.024	41.279
	x_6	−18.904	20.123	−0.53	−0.939	0.391	−70.633	32.825	0.008	119.537

a 因变量：y

逐步回归分析

统计上有多种方法可以解决多重共线性问题，如主成分回归、岭回归、逐步回归等。本例采用逐步回归分析方法，操作步骤与上述的多元回归分析的步骤类似，以下两步需要注意：

(1) 依次选择“分析”→“回归”→“线性”。在“方法”中选择“步进”，如图24.15所示。

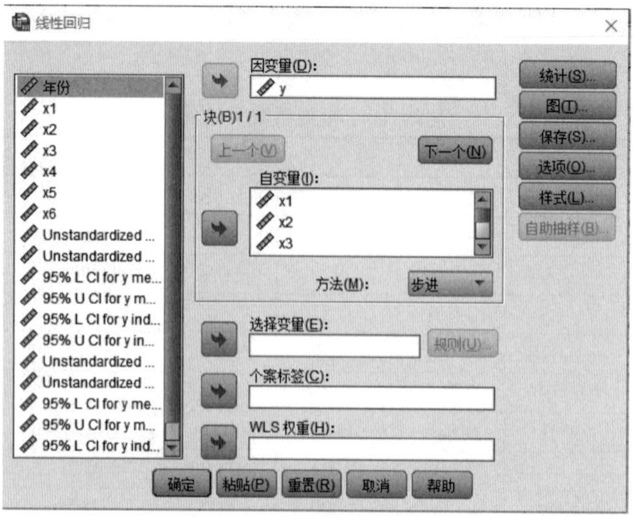

图24.15 “线性回归”对话框

(2) 在“选项”中的“步进法条件”选择“使用F的概率”,如图24.16所示。

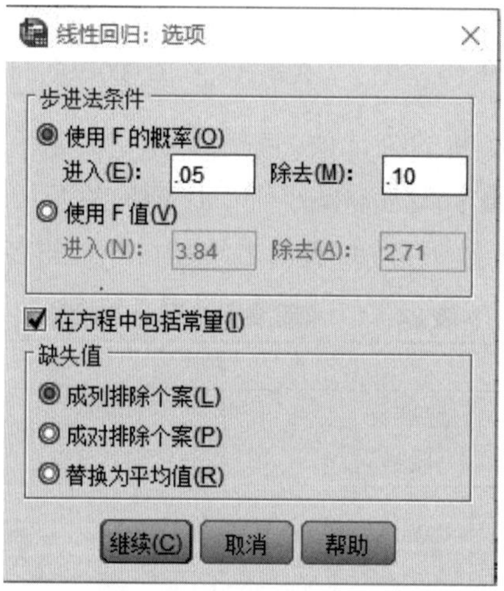

图24.16 “线性回归:选项”对话框

逐步回归结果

(1) 表24.12给出了逐步回归后模型的一些主要统计量。

表24.12 逐步回归后模型的主要统计量

模型摘要[a]				
模型	R	R^2	调整后 R^2	标准估算的错误
1	0.988[b]	0.977	0.975	661.60757

a 因变量:y

b 预测变量:(常量)、x_3

(2) 表24.13给出了逐步回归排除的变量。逐步回归排除了变量x_1、x_2、x_4、x_5、x_6,只保留了变量x_3。

表24.13　逐步回归排除的变量

排除的变量[a]								
模型		输入 Beta	t	显著性	偏相关	共线性统计		
						容差	VIF	最小容差
1	x_1	-0.114^b	-1.032	0.329	-0.325	0.187	5.336	0.187
	x_2	-0.077^b	-1.019	0.335	-0.322	0.399	2.508	0.399
	x_4	-0.029^b	-0.582	0.575	-0.19	0.998	1.002	0.998
	x_5	0.220^b	1.884	0.092	0.532	0.134	7.478	0.134
	x_6	0.150^b	0.434	0.675	0.143	0.021	48.067	0.021

a 因变量:y

b 模型中的预测变量:(常量)、x_3

(3) 表24.14给出了逐步回归后模型的方差分析表。模型F检验的显著性水平小于0.05,表明模型的线性关系是显著的。

表24.14　逐步回归后模型的方差分析表

ANOVA[a]						
模型		平方和	自由度	均方	F	显著性
1	回归	186451725	1	186451725.1	425.96	0.000^b
	残差	4377245.8	10	437724.581		
	总计	190828971	11			

a 因变量:y

b 预测变量:(常量)、x_3

(4) 表24.15给出了逐步回归后模型参数的估计和检验。根据表24.15的回归结果可得到逐步回归后的估计方程为

$$\hat{y}=-3496.718+0.177x_3$$

表24.15　逐步回归后模型参数的估计和检验

系数[a]										
模型		未标准化系数		标准化系数	t	显著性	B的95.0%置信区间		共线性统计	
		B	标准错误	Beta			下限	上限	容差	VIF
1	(常量)	-3496.718	607.391		-5.757	0.000	-4850.07	-2143.37		
	x_3	0.177	0.009	0.988	20.639	0.000	0.158	0.197	1	1

a 因变量:y

实验练习

1. 表24.16所示为某企业30名员工的月基本工资(元)及工龄(月)数据。现要求将员工月基本工资作为被解释变量,工龄作为解释变量来建立线性回归模型,分析工龄与月基本工资之间的关系。

表24.16 某企业员工基本情况

员工序号	月基本工资(元)	工龄(月)	员工序号	月基本工资(元)	工龄(月)
1	4350	24	16	7800	84
2	4500	72	17	6750	108
3	7200	96	18	7200	96
4	2700	36	19	6450	48
5	4350	24	20	6765	72
6	7350	84	21	6780	60
7	6300	108	22	4575	24
8	7200	96	23	4950	72
9	6600	48	24	7800	96
10	6750	72	25	5700	36
11	4500	24	26	4650	24
12	4650	72	27	7800	84
13	7200	96	28	6825	108
14	4200	36	29	7800	96
15	4650	24	30	6525	48

2. 表24.17所示为24个城市写字楼出租率和每平方米月租金的数据。设每平方米月租金为自变量x,出租率为因变量y,进行回归分析,并对结果进行解释。

表24.17 写字楼出租率和租金情况表

地区编号	1	2	3	4	5	6	7	8	9	10	11	12
出租率(%)	70.6	69.8	73.4	67.1	70.1	68.7	63.4	73.5	71.4	80.7	71.2	62.2
月租金(元)	99	74	83	70	84	65	67	105	95	107	86	66
地区编号	13	14	15	16	17	18	19	20	21	22	23	24
出租率(%)	78.7	69.5	68.7	69.5	67.7	68.4	72	67.9	70	68.2	70.2	63.6
月租金(元)	106	70	81	75	82	94	92	76	88	68	83	69

3. 表24.18所示为某地方病研究所调查的8名正常儿童的尿肌酐含量。试估计尿肌酐含量y对其年龄x的回归方程。

表24.18 8名儿童的年龄与尿肌酐含量

编号	1	2	3	4	5	6	7	8
年龄	13	11	9	6	8	10	12	7
尿肌酐含量(mmol/24h)	3.54	3.01	3.09	2.48	2.56	3.36	3.18	2.65

4. 研究某地区土壤中所含植物可给磷的情况,得到如表24.19所示数据。其中,x_1为土壤中含无机磷浓度(mg/kg);x_2为土壤中溶于K_2CO_3溶液并受溴化物水解的无机磷浓度(mg/kg);x_3为土壤中溶于K_2CO_3溶液但不受溴化物水解的无机磷浓度(mg/kg);y为种植在20 ℃土壤内的玉米中的可给态磷(mg/kg)。试建立y关于x_1、x_2、x_3的线性回归方程,并给出

分析报告。

表24.19　某地区土壤中所含植物可给磷的数据

样本序号	x_1	x_2	x_3	y	样本序号	x_1	x_2	x_3	y
1	0.4	53	158	64	10	10.9	37	111	76
2	0.4	23	163	60	11	12.6	58	112	51
3	0.6	34	157	61	12	11.6	29	173	93
4	1.7	65	123	77	13	23.1	46	114	96
5	1.9	36	143	54	14	23.1	50	134	77
6	9.4	44	46	81	15	21.6	44	73	93
7	3.1	19	37	71	16	23.1	56	168	95
8	4.7	24	59	54	17	26.8	58	202	168
9	10.1	31	117	93	18	29.9	51	124	99

5. 一家房地产评估公司想对某城市的20个房地产价格进行评估，评估数据如表24.20所示。试建立房地产销售价格y(元)与地产估价x_1(元)、房产估价x_2(元)和使用面积x_3(m^3)之间的多元线性回归模型，并对销售价格作出合理预测。

表24.20　房地产价格评估情况

房地产编号	销售价格	地产估价	房产估价	使用面积
1	6890	596	4497	18730
2	4850	900	2780	9280
3	5550	950	3144	11260
4	6200	1000	3959	12650
5	11650	1800	7283	22140
6	4500	850	2732	9120
7	3800	800	2986	8990
8	8300	2300	4775	18030
9	5900	810	3912	12040
10	4750	900	2935	17250
11	4050	730	4012	10800
12	4000	800	3168	15290
13	9700	2000	5851	24550
14	4550	800	2345	11510
15	4090	800	2089	11730
16	8000	1050	5625	19600
17	5600	400	2086	13440
18	3700	450	2261	9880
19	5000	340	3595	10760
20	2240	150	578	9620

6. 表24.21所示为27名糖尿患者的血糖及有关变量的测量结果。其中，y表示血糖(mmol/L)，x_1表示总胆固醇(mmol/L)，x_2表示甘油三酯(mmol/L)，x_3表示胰岛素(μU/mL)，

x_4表示糖化血红蛋白(%)。试建立y与x_1、x_2、x_3、x_4的多元线性回归模型。

表24.21　27名糖尿病人的血糖及有关变量的测量结果

序号	y	x_1	x_2	x_3	x_4
1	11.2	5.68	1.9	4.53	8.2
2	8.8	3.79	1.64	7.32	6.9
3	12.3	6.02	3.56	6.95	10.8
4	11.6	4.85	1.07	5.88	8.3
5	13.4	4.6	2.32	4.05	7.5
6	18.3	6.05	0.64	1.42	13.6
7	11.1	4.9	8.5	12.6	8.5
8	12.1	7.08	3	6.75	11.5
9	9.6	3.85	2.11	16.28	7.9
10	8.4	4.65	0.63	6.59	7.1
11	9.3	4.59	1.97	3.61	8.7
12	10.6	4.29	1.97	6.61	7.8
13	8.4	7.97	1.93	7.57	9.9
14	9.6	6.19	1.18	1.42	6.9
15	10.9	6.13	2.06	10.35	10.5
16	10.1	5.71	1.78	8.53	8
17	14.8	6.4	2.4	4.53	10.3
18	9.1	6.06	3.67	12.79	7.1
19	10.8	5.09	1.03	2.53	8.9
20	10.2	6.13	1.71	5.28	9.9
21	13.6	5.78	3.36	2.96	8
22	14.9	5.43	1.13	4.31	11.3
23	16	6.5	6.21	3.47	12.3
24	13.2	7.98	7.92	3.37	9.8
25	20	11.54	10.89	1.2	10.5
26	13.3	5.84	0.92	8.61	6.4
27	10.4	3.84	1.2	6.45	9.6

彩　　图

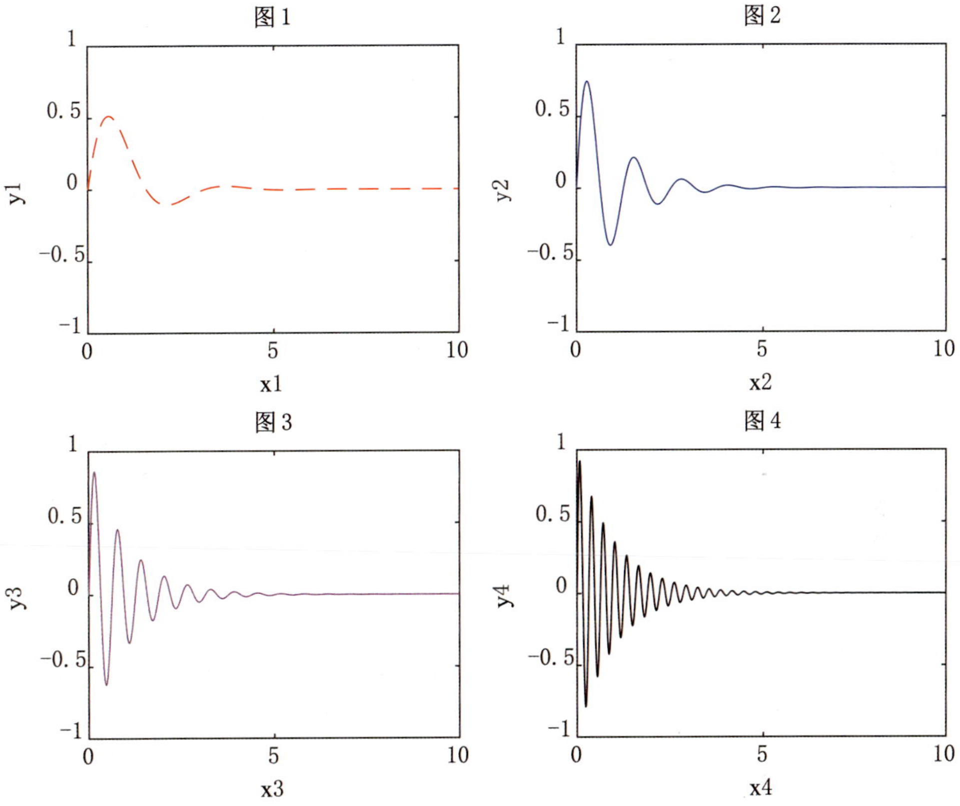

图3.3　函数$y=e^{-x}\sin 2x$,$y=e^{-x}\sin 5x$,$y=e^{-x}\sin 10x$和$y=e^{-x}\sin 20x$的图像

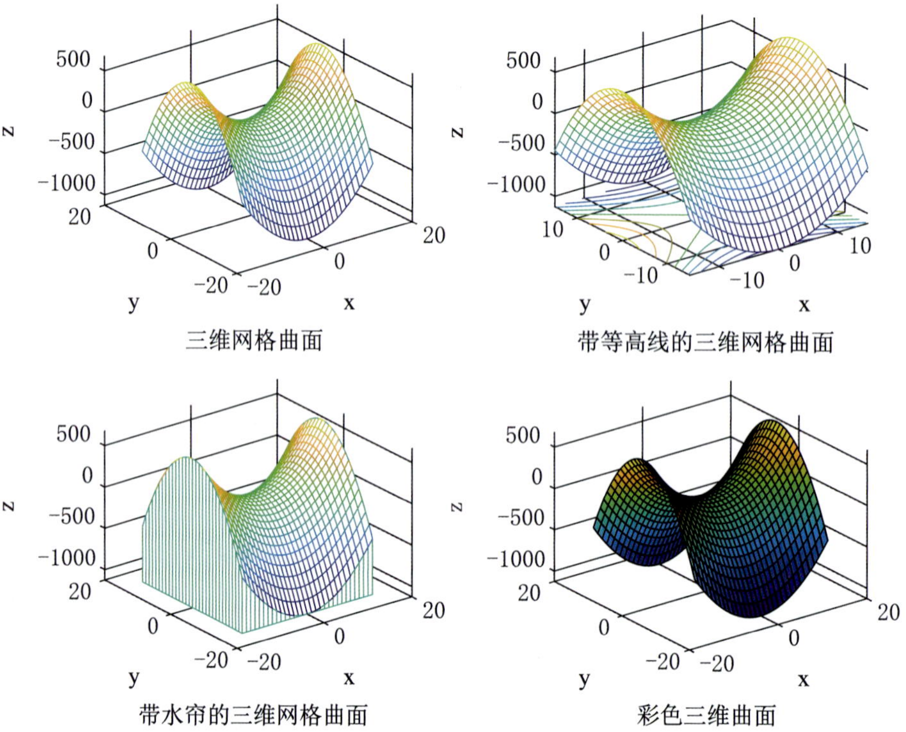

图3.5　曲面$z=3x^2-5y^2$的三维网格曲面、带等高线的三维网格曲面、带水帘的三维网格曲面、彩色三维曲面

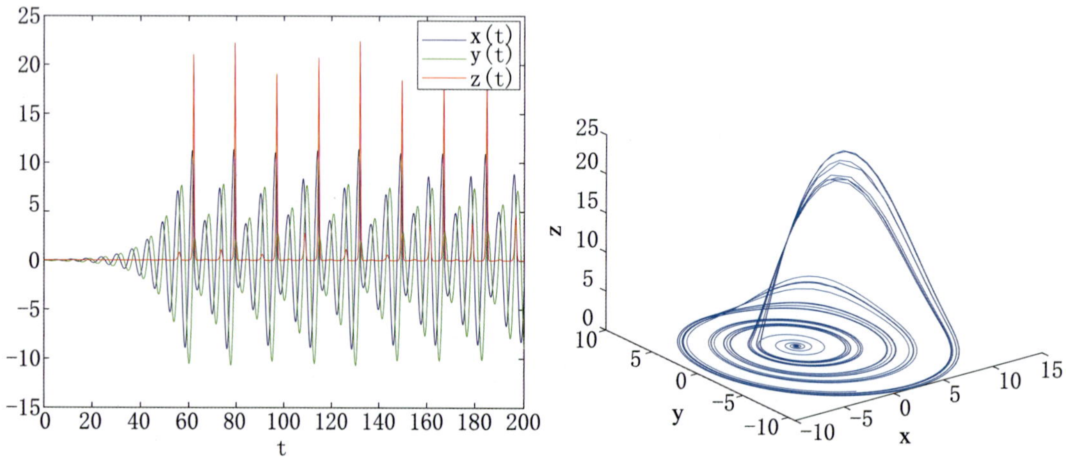

图8.1　Rossler方程的序列图和三维图